庭院置石技法全书

庭院石材的种类、挑选、铺装技法及风格应用

〔日〕高崎康隆◎监修
申镭◎译

庭仕事の庭石テクニック
Niwashigoto no niwaisi technic

著作权合同登记号 图字：01-2022-3440

图书在版编目（CIP）数据

庭院置石技法全书 /（日）高崎康隆监修；申镭译
. —北京：北京科学技术出版社，2023.3
书名原名：庭仕事の庭石テクニック
ISBN 978-7-5714-2503-6

Ⅰ. ①庭… Ⅱ. ①高… ②申… Ⅲ. ①庭院—石料—景观设计 Ⅳ. ①TU986.2

中国版本图书馆CIP数据核字（2022）第148357号

策划编辑： 李　菲
责任编辑： 陶宇辰
责任校对： 贾　荣
责任印制： 李　茗
图文制作： 北京锋尚制版有限公司
出 版 人： 曾庆宇
出版发行： 北京科学技术出版社
社　　址： 北京西直门南大街16号
邮政编码： 100035
电话传真： 0086-10-66135495（总编室）　0086-10-66113227（发行部）
网　　址： www.bkydw.cn
印　　刷： 北京博海升彩色印刷有限公司
开　　本： 710 mm × 1000 mm　1/16
字　　数： 200 千字
印　　张： 13
版　　次： 2023 年 3 月第 1 版
印　　次： 2023 年 3 月第 1 次印刷
ISBN 978-7-5714-2503-6

定　　价：148.00元

将井口石用作垂枝枫的花器，灯光微微照出墙上的纹理

作为纪念物的石舂与石碾

舂麦石棒的沧桑感与植物的绿意在白墙前相映成趣

将舂麦石棒作为纪念物置于庭院中

灵活运用岩船石布置
而成的坪庭

象征巨鲸的鲸石（右）
与象征巨舟的舟石（左）

表现船与海浪的庭石

用庭石来表现巨浪

朝向岬角、象征巨浪的石组

鸟儿饮水、休憩之处，照片左边有密布排列的瓦片

凹凸不平的花岗岩与流水竹竿，猫的饮水处

由铁平石铺成的“云彩”从略有缺失的“月之露台”横穿而过（东京都世田谷区归真园）

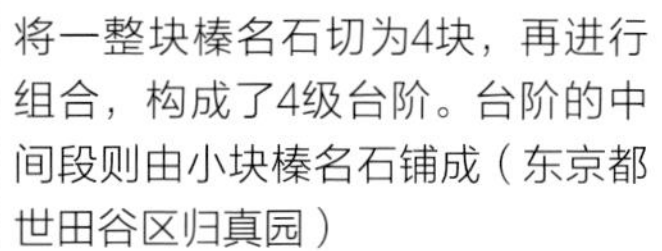

将一整块榛名石切为4块，再进行组合，构成了4级台阶。台阶的中间段则由小块榛名石铺成（东京都世田谷区归真园）

沿直线排列的根府川石构成的台阶给人留下了深刻印象（东京都世田谷区归真园）

根府川石被用作石凳。地被植物与铺路石覆盖地面

小松石被用作景石，其凹处形成的小水洼里点缀着散落的花瓣

由熔岩石砌筑而成的住宅石墙

庭石间存在用于栽种灌木和蕨类植物的空间，充满韵律感

前　言

对庭石的布置方式略加调整，就可以营造出完全不同的氛围。

作为石组设计师，我在日本各地设计庭院的时候会有意地选取具有当地特色的石材。每种石材都有其独特的魅力，因此我总是在思考如何布置才能让石材本身的魅力得到更好的展现。正如《作庭记》中所描述的，设计需要从感受“石材的诉求”开始，感受到石材发出的“我希望被这样布置在这里”的声音。

我认为，所谓石组就是将个性不同的石材有序地组合到一起。如果能够很好地将石材的存在感和能量感组合起来，庭院空间的魅力就会得到明显提升。每当我能够很好地感受到“石材的诉求”，并在庭院中为石材创造出一片新天地时，总会感到无比的喜悦。

领会“石材的诉求”听起来也许有些抽象，似乎很难做到，但真正去尝试时，你会发现这并非难事。只需要记住“感知石材的情绪”这一概念即可，之后就可以自由追寻自己所喜欢的“石材的姿态”。

本书面向那些希望能在自家庭院里增添石组或“飞石”等石趣的人，或正从事与庭石相关工作的人，力求对石材的应用技巧进行具体和简单易懂的介绍。

本书包含了我担任校长的石组学校的授课内容，也涉及了踏步石、铺路石等内容，希望能为读者提供更多方面的参考。

阅读本书，首先能让读者在观察石材时体会到乐趣，并展开各种想象。此后，读者若能以摆弄石材为乐趣，甚至展现出石材的各种新魅力，我将不胜欣喜。

高崎康隆

目 录

一、

了解石材的种类

被统称为庭石的石材种类繁多，不仅色彩、形状丰富多样，还可以根据用途进行分类。让我们来看看石材有哪些种类。

○四国庭石株式会社
协助采访、摄影

石材的形状千奇百怪

卵形石材

经过流水冲刷，被磨去棱角的卵形石材给人柔和的印象。

伊势小圆石

青石

那智黑石（大块）

方形切割石

方形切割石善于表现具有规则性的律动感。

印度砂岩

铁平石

三角形等其他形状的石材

同样是三角形的石材，有些略带圆角，有些则棱角分明，各不相同。

鹅卵石（来自江河、溪流）

富士石

琉球石灰岩

花岗岩（御影石、间知石）

根府川石

根据用途分类

用于构建景观、石组的石材

极富存在感的大块天然石经常被用作景观石。

青石

伊予青石

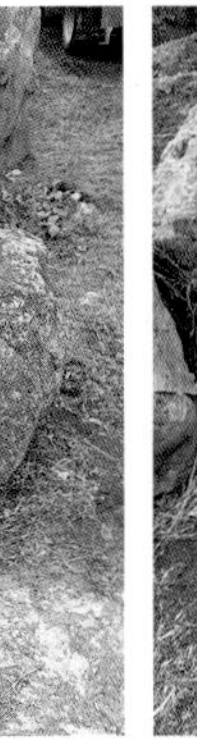

秩父青石

伊予青石，具有独特的波浪花纹

伊予青石，拥有纤薄的平面

富士石

硅化木

三波石

洁白如雪的三波石

带粉色的红色三波石

略带灰色调的白色三波石，表面的纹理非常独特

表面有很深的自然雕琢的痕迹

用作踏步石的石材

天端为平面的石材可以用作踏步石，应挑选便于行走的石材。

花岗岩

卵形石

切割石

鞍马石

根府川石

木曾石

伊豆石

用作铺路石、砌石的石材

砌石多采用平滑的石材，既可用切割石，也可用天然石。

丹波石

粘有泥土

切割的丹波石

多胡石

青石

切割石

带有圆角的天然石

伊势石

印度砂岩

鹅卵石

那智黑石（大块）

用作石堆的石材

既可将天然石自由堆砌而成，也可使用切割石堆成石墙。

间知石

铁锈色，将照片中的正面朝外堆砌

白色，天然石

琉球石灰岩

富士熔岩

用作沓脱石的石材

具有不易打滑的平面是沓脱石的特征。

青石

秩父青石

伊予青石

伊豆石

新鞍马石

五颜六色的石材

青·黑色系

以青石为代表的青·黑色系石材给人以优雅、平和的印象。

青石

切割石

秩父青石

秩父青石，略带蓝色

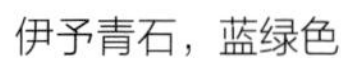
伊予青石，蓝绿色

伊予青石，深蓝色

伊予青石，略带绿色

那智黑石

富士石

白 · 灰色系

清爽的白 · 灰色系石材能与海景相映成趣。

三波石

具有特殊花纹的三波石

洁白的三波石

石灰岩

伊势石

花岗岩

花岗岩

红 · 褐色系

略带红粉色的石材给人以柔和的印象。

来自国外的石材

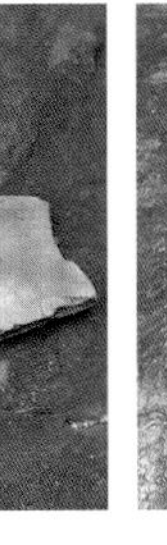

意大利斑岩

镰仓石

立方花岗岩

褐色御影石（间知石）

三波石

灵活运用石材

让我们来看看之前介绍的各种石材是怎样运用到庭院中的吧。即使是同一种类的石材也会有各种形式和用途。

根府川石

该石来自神奈川县小田原市根府川，是安山岩的一种。岩石表面呈现出各种板状裂痕，称为板状节理，能够采集到扁平的石材。如右上图所示，该石常被用作铺路石，也常用于建造石碑等。

用作堆石

将许多平整的根府川石用作堆石的实例。下图为大小不同的两堵石墙。

看似随意，实际上在天端和两边加入了曲线，呈现出更具韵律感的造型

树木的周围布置了半圆形的绿植带

用作水龙头

在根府川石的背后铺设了水管，在石材上打孔，制成了天然石材的水龙头。

运用天然石材，使得原本乏味的水龙头也能彰显个性

在木制平台的入口处采用根府川石作为沓脱石

用作堆石

由棱角分明的大块根府川石组成的石组给人以强烈的视觉冲击，锐利的边线显得锋利、干练。

动态地运用根府川石（东京都世田谷区归真园）

用于瀑布石组（东京都世田谷区归真园）

私人宅邸右后方的堆石和前方的石组都使用了根府川石

种植了各种绿植，能够呈现石景的四季变化的私人宅邸庭院

用作踏步石

宽1米的狭小空间里以根府川石为踏步石的实例。

从庭院看到的景色

踏步石呈现律动感

用作石凳

充分利用石材的天然平面作为石凳。

小块的根府川石被用作石凳

可坐在这里观赏庭院的美景（东京都世田谷区归真园）

二、

放置庭石

在庭院里试着放置一块庭石。本部分的重点在于“理解庭石的氛围”。庭石会因为观察点的变化以及不同的根部深度而呈现出截然不同的风格。

放置何种形状的庭石

根据想表现的内容及庭院的氛围选择庭石。

记住庭石各个部位的名称

庭石的各个部位有其专用的名称，也有些是为了便于摆放庭石而使用的俗称。

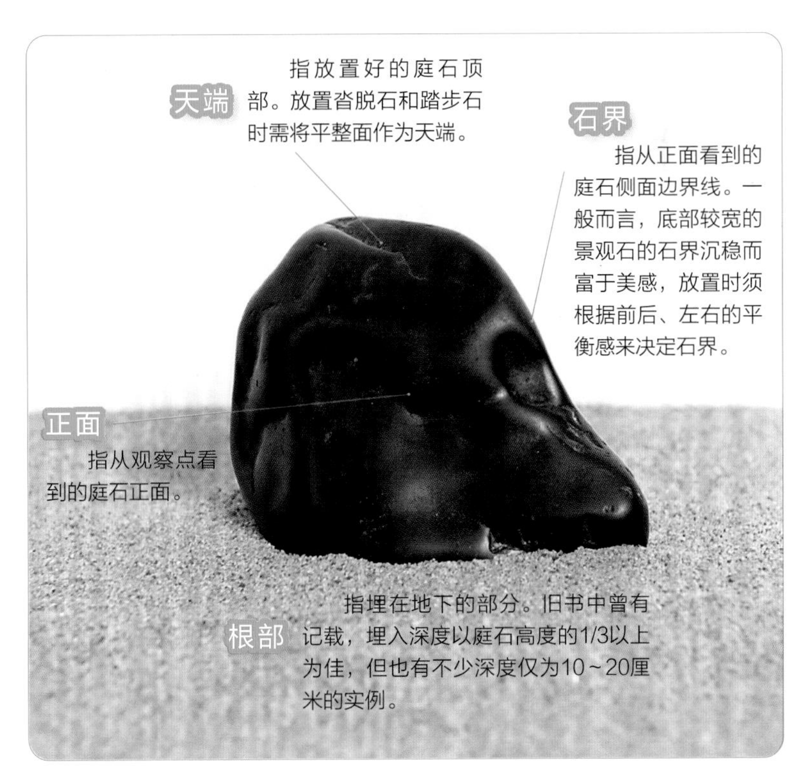

观察庭石氛围的变化

庭石会因为放置的角度、埋入的深度、产生的阴影而呈现出完全不同的氛围。

让我们运用微观庭院来具体感受一下这种变化吧。

石块的“气势”

有序地汇聚各种石块所蕴含的能量，以表现一种世界观的组合被称为石组。石块所蕴含的能量被称为石块的“气势”。石块的能量包括其方向及指向的力度。以下尝试从不同的角度放置相同的石块，以体会方向变化所带来的不同氛围。

安稳的放置方法

呈现出向上能量的放置方法

能够感受到指向右上方的能量

可感受到能量迎面而来的放置方法

将平整面作为天端而平稳放置的方法

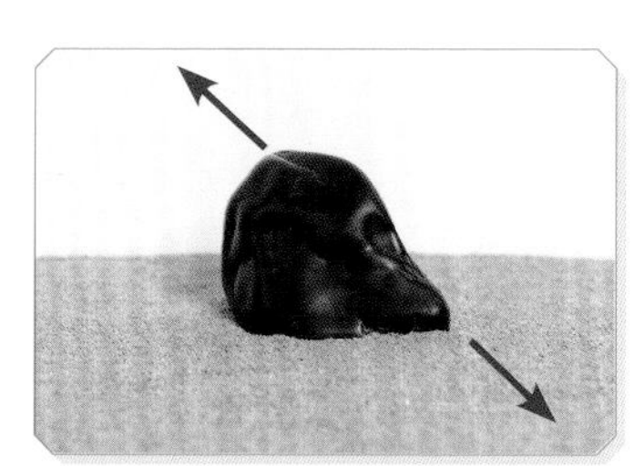

能够感受到左上与右下根部连线双向的能量

将平整面作为正面放置的实例

将上图石块翻转后放置的实例

改变庭石的埋入深度

埋入深度的变化也会带来不同的氛围。

几乎没有埋入地下时的氛围　1/3左右埋入地下时的氛围　2/3左右埋入地下时的氛围

灵活利用石块的形状进行放置

根据石块的形状灵活放置也是一种很好的方法。

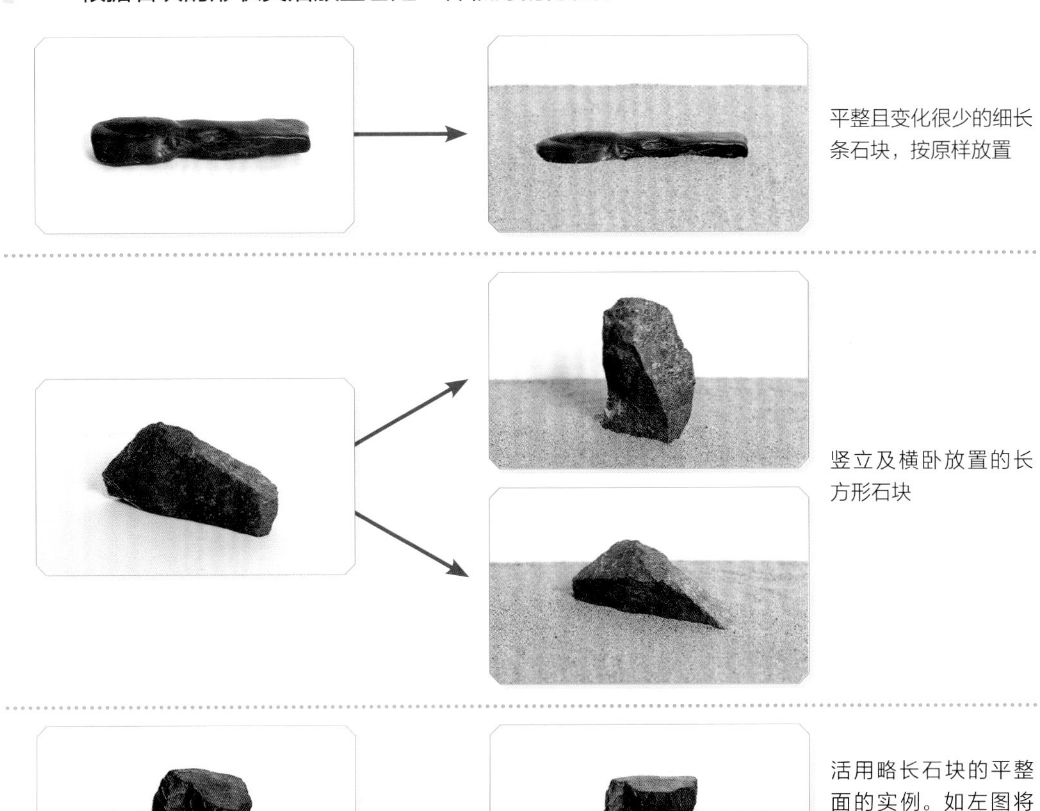

平整且变化很少的细长条石块，按原样放置

竖立及横卧放置的长方形石块

活用略长石块的平整面的实例。如左图将平整面作为天端放置时，可以用作石凳

观察阴影变化带来的差异

庭石的阴影也是造型设计元素之一，让我们来观察一下阴影的长度变化。

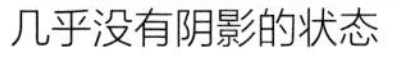

几乎没有阴影的状态

右侧产生少许阴影

产生了与庭石直径同等长度的阴影

继续拉长的阴影增加了庭石自身的存在感

绿植的栽种方法也能改变庭石给人的印象

在不同的位置栽种不同的绿植也会改变庭石给人的印象。

在庭石的左侧栽种绿植，能够感受到指向右前方的能量

在树林中露出一点庭石的放置方法

绿植很好地衬托了舟石向左前行的动感

庭石后方缺口部位栽种了绿植，可以将庭石原本的缺陷变为优点

利用植物弥补石材缺陷的实例
（东京都世田谷区归真园）

大树前放置大型庭石构成了
具有厚重感的空间

尝试放置庭石

让我们来尝试放置一块庭石吧。放置一块大型庭石的时候，钢索的缠绕方法是重中之重。

放置一块直径约1米的庭石

1. 仔细观察石材，确定摆放位置

从各个角度观察庭石，再一次确认放置的方向和埋入的深度

2. 挖土

确定庭石的摆放位置，挖去泥土。需要比预定的埋入深度挖得略宽、略深一些

3. 留出缠绕钢索用的缝隙

留出缠绕钢索时所需的缝隙。依据杠杆原理，使用方形木棍和撬棒将庭石橇起

撬棒太短的时候……

撬棒不够长的时候在撬棒上套上粗铁管，这样就可以橇起庭石了

4. 缠绕钢索

在庭石上缠绕钢索，钢索的缠绕方法决定了庭石被吊起时的状态。根据设想的天端和正面来调节起吊位置。掌握技巧需要一定时间，需要反复操作

5. 使用钢索吊起庭石

使用吊车等将庭石吊起，移动至土坑位置，确认方向后放置

此时若感觉土坑偏小，则需要再次挖宽、挖深

6. 将庭石放置到预定的位置

小心地将庭石放在土坑里，并确认其角度是否正确

7. 填充空隙

石材放置完成后需将土坑填埋起来。考虑到之后要抽出钢索，此时不能将土埋得过紧

如遇到石材放置不稳的情况，可使用垫石。

遇到上图中无法填埋的空隙时，在凹陷处垫入小石块，使庭石保持平稳

根据空隙大小选择合适的石块

将垫石紧紧塞入空隙处

8. 固定垫石

用手塞入垫石后，再使用夯锤等工具将垫石砸紧

9. 增加垫石

如果庭石与地面间仍然有空隙而导致庭石无法安稳放置，可增加一块垫石

放置方法不变，使用夯锤等砸，以使其紧贴于庭石

10. 取出钢索

用垫石和泥土将庭石放稳后，取出钢索

11. 填埋土坑

取出钢索后，填埋土坑

此时需再次确认埋入深度

12. 锤实泥土

使用夯锤等锤实泥土

13. 整理地面

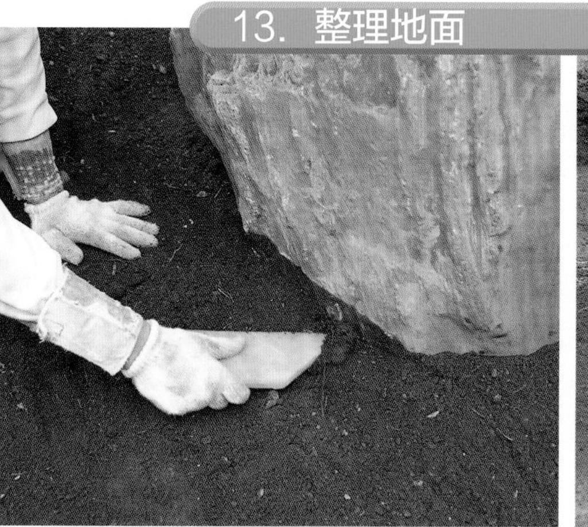

使用竹帚、钉耙、刮板等去除杂草等以整理地面

大功告成

淋湿庭石

庭石被淋湿时会更加显色。放置完成后，用水淋湿庭石

绕石一周，从不同角度观察庭石。照片为从背面看到的庭石。同富有律动感的正面不同，庭石背面给人安稳、平和的感觉

放置一块大型庭石

1. 确定场地，准备所需材料

放置大型庭石时需要较大的作业空间。首先要确定场地，并准备好必要的材料

2. 在庭石上缠绕钢索

越大的庭石，缠绕钢索时所需要的技术就越高，需谨慎操作

采用较粗的钢索

3. 将庭石移动到放置地点

使用吊车将庭石搬运至放置地点

4. 将庭石放置到预定的位置

将庭石搬运到预定位置后取出钢索。此例中庭石将竖直放置，因此需将钢索缠绕在庭石的长边位置

5. 竖立庭石

谨慎调节钢索的起吊位置，使用垫石将庭石竖立起来

6. 固定庭石

拉紧左右两边的钢索以使庭石立稳，直到庭石的前后、左右塞入垫石，以固定庭石

三、组合庭石

我们已经了解了放置一块庭石的方法，现在让我们来尝试组合两块或两块以上的庭石吧。石组可以呈现出单块庭石所无法表达的韵味，从而使乐趣倍增。

何谓美观的石组

在组合庭石之前认识石组。

庭石完全可以自由组合

既可以用一块庭石来调整整体景石的平衡，也可以采用组合几块庭石的方法。

组合庭石时必须要考虑到每块石头的方向及整体结构。

《作庭记》中对于山脚下及野地上的庭石放置方法有过如下叙述：像村口的小狗趴在地上那么随意，像小猪尽情奔跑一样欢快，像小牛与母牛嬉戏般亲密。

有些人会觉得石组设计里一定蕴含着秘籍和规则，但事实上石组设计并没有特定的规范。即使是历史悠久的庭院，所有令人惊艳的石组也都巧妙地组合了各种立石、横石、伏石，可以自由组合。

借鉴优秀庭院，创造出美观石组的要点

然而，为了创造出美观的石组，需要掌握一些要点。

当观赏历史悠久的庭院里那些美观的石组时，能够感受到其生命的跃动感。当我们分析为何会有这些感受时，会发现这些石组都巧妙地表现出了和谐、力量、动感和变化。这里似乎就包含了创造出美观石组的要点。

也就是说，放置石组时需要分析石块的“气势”（即能量的大小和方向）。与此同时，正如石组的含义所示，每块石头的个性固然重要，但更重要的在于对整体美观的考虑。实现整体美观不仅仅依靠庭石，还包含绿植等构成庭院整体的平衡。

对于有庭石的庭院，可以毫不夸张地说，其成败在于庭石。展开想象，选择石材，试着创造出属于自己的庭石景色吧。

创造石组的重点

（1）布置时充分考虑庭石的“气势”。

（2）用全体石组来表现美和世界观。

（3）注重庭石与绿植的协调。

石组十七条

根据被称为日本造园学泰斗的上原敬二先生的观点，创作石组要遵循十七条原则。

虽然其中有些对技术要求颇高，有些在当代已经不必再遵循，但其观念十分重要。

第一条

相对于单块庭石，更需要着眼整体

庭院的整体平衡至关重要。养成更注重全局的习惯，这不仅适用于庭石，也适用于绿植和其他建造对象。

每布置两三块庭石的时候，一定要确认庭石整体。在石组的布置过程中，总会发现一两块不协调的庭石。因此，在整体布局完成之前最好不要固定庭石的位置。上原敬二先生的著作里曾写道，绝大多数的石组都需要调整和雕琢。

第二条

重视与相邻庭石的关系

相互关系是布置两块或两块以上庭石时最需要注意的事项之一。所有的组合方式都是以两块石头为基础的。

布置两块庭石的时候，只有完全无关与追求和谐两种选择。若是前者，则不需要特别注意。若是想创造出庭石之间的某种关系，就必须根据石材的大小和形状来进行选材，在布置时也要注意高低位置及庭石的间隔。有想逃脱的石头就有欲追逐的石头，这也是《作庭记》里记载的。

石组设计的秘诀在于与相邻庭石的协调关系，其大小、高低呈现出如行云流水般的变化。经验丰富的设计师有时也会大胆地采取看似不和谐的组合，但纵观全局，这也是整体协调中的一小部分。

第三条

注重稳定感

庭石一般体积较大，即使只是一点点的倾斜有时也会给感官造成巨大影响，使人的压迫感倍增。

另外，庭石有时也有倒塌的危险。为避免这样的情况出现，布置石组时切记保证安全。庭院是给人带来愉悦和感动的地方，其设计绝对不能带给人一丝一毫的危险感。不可能在石组前竖一块写着“此处非常安全”的牌子，因此更需要极力表现出石组的稳定感。看似倾斜的庭石，只要让人有庭石的大部分深埋地下，露出地面的仅仅是一小部分的感觉，就不会令人担心和不安。根据各种现场的实际情况，会有各种给人以稳定感的表现方法。

照片左侧留有楔子印痕的石块虽然可以单独放稳，但为了呈现视觉上的稳定感，又在其右侧布置了一块庭石

第四条

使用不同大小的庭石

使用同样大小的庭石会使石组变得单调而没有变化。这就称不上是石组，而更接近于石堆。建议交替使用特大、大、中、小块的石材。有时也需要根据现场使用面积来选择石材的大小。根据布置面积计算所需要的石材量，然后再计算大、中、小型石材的数量。

第五条

同一空间里使用同样质地的庭石

将不同质地的各种石材无序地组合在一起并不是真正意义的石组。细心观察京都府著名园林里的石组，你就会发现多数石组都是用相同质地的庭石构成的。有些人会觉得石材种类繁多也是一种美，但这并不是“石组之美”。

不仅要考虑石材的种类，而且其颜色也需要考虑周全。有时会看到庭院中混合了青色、红色、灰色系的石材，当然这并没有什么不妥，只是一不小心就会给人一种颜料盒打翻之后的混乱感，布置时需要谨慎。

如果采用的庭石中有颜色比较特殊的，建议将其作为景观石单独放置，而用作石组时则建议放在不显眼的地方。

将许多种类不同或颜色各异的石材组合成石组时，像展示标本那样摆放也是一种不错的方法。另外，也可以根据石材质地归类布置，一眼望去视野中只有一种质地的庭石可以避免杂乱无章的感觉。

以上就是由不同质地（种类或颜色）的庭石组成石组时最好的布置方法。

清澄庭院（位于东京都江东区）里汇集了从事海运业的岩崎一家从日本各地收集的57种著名石材。这些石材被点缀在大型池塘的周边，分区域布置，并没有杂乱的感觉。

第六条

石材的顶部不可千篇一律

自然界的岩石没有一模一样的顶部。自然景观可谓是石组的教科书，因此布置石材时也不要将其顶部全朝着同一方向排列，从而可以呈现出石组的变化感。

第七条

石组须避免直线石界

不要将石组的石界安排成直线，也就是说从正面看石界不能呈直线排列。即使各个石块的高低错落有致，组合时石块之间如果缺乏位置差异也会变得单调乏味。

特别是石块数量较多时，由几块石材连成的石界要避免呈直线，应向视点内侧弯曲，而向外弯曲的庭院会给人散乱的感觉。最佳设计莫过于所有的石组都向视点聚拢。视点位置也要列入设计范畴。

第八条

不要露出庭石之间的水泥部分

在地面下使用水泥固定庭石时，要掩盖水泥部分。

以前没有水泥的时候，一般采用黏土、石灰等固定庭石。至少在目视可及的范围内不要露出水泥部分。

即使不使用水泥，也可以采用石材与石材镶嵌等物理方法固定庭石，也就是“空堆式”。建议掌握这种方法布置石组。

第九条

布置石组时不要使用水平仪

只有在连1毫米的偏差都不能有的时候才使用水平仪。石材有很多个面，并不是根据一个面就能决定石材是否水平或者垂直。石材表面还有极其微小的凹凸不平处，即使使用了水平仪，也常常会因为观察角度的不同而给人以倾斜的感觉。用水平仪测量之后还是要靠自己的眼睛，最终往往是目视确认后才能给人更多的稳定感。

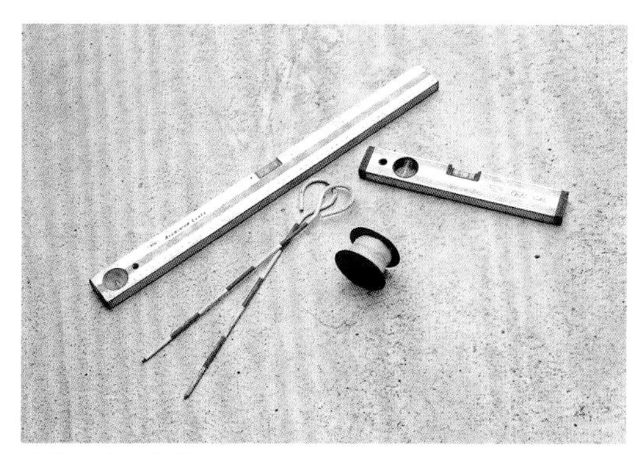

水线和水平仪等

第十条

避免触犯石组的禁忌

在《作庭记》《筑山庭造传》等古书中都记载着石组的禁忌，如不稳定的布置方式、牵强的选材设计、明显不妥的组合等，这些都应避免。虽然上原敬二先生曾表示这些禁忌中“有许多迷信的说法，不适合现代设计”，但多数情况下还是应尽量避免触犯禁忌。

第十一条

不要让石组看上去使用了碎石或多余的石块

即使是出于设计要求，看上去像使用了碎石或多余的石块的石组并不是好设计。虽然实际操作中也许会有用石组来处理剩余石材的例子，但不被“看穿”的设计才尤为重要。

第十二条

不考虑绿植

很多时候即使石组本身不够完美，但一旦加入绿植，石组便会呈现出完全不同的活力，凡是有过石组设计经历的人对此都不会陌生。也正因如此，设计时即便石组有些缺陷，设计师也往往会急于布置绿植。笔者建议不要养成这样的习惯。添加绿植本身并不是不可以，但请注意，这种习惯会妨碍练习石组设计。

绿植是有生长过程的，经历一段时间的生长后它才能逐渐与石组相互融合、协调。请记住，作为主景的石组本身需要以一种完美的形态呈现。在独立的完整石组基础上加入绿植会锦上添花。

第十三条

不要混淆设计与施工

石组要放置在庭院的哪个位置、是否要进行堆土等地形改造，这些与周围环境密不可分的因素都应该在设计阶段决定。在施工过程中，过分施工会导致庭院偏离原先的设计主旨。

第十四条

考虑石组的顺序

使用许多庭石来呈现一种造型时，除了在第一条中介绍过的要时时关注整体之外，还需要考虑布置庭石的顺序。不仅仅是单纯地从右到左或者从后到前，而是要按照整体的平衡感来决定布置的顺序。

由七块石材组成石组时的布置顺序实例

第十五条

注重石组的“气势”

每一块石材都有独特的“气势”，石组整体也有其独特的“气势”。布置石组时需要根据每块石材的“气势”，时刻考虑想要表现怎样的整体“气势”。

第十六条

遵守最基本的石组设计法则

在整个石组的设计过程中，并不需要与上述介绍的第一条至第十五条保持完全一致。但作为一个石组设计的初学者，建议从这些基础开始学习。从条条框框中迈出一步的时候会有新的进步，但只有将这些基础烂熟于心之后才会有自己的想法，并获得突破。如果从开始就不按规则、毫无计划地设计，必有碰壁的时候。

另外，自以为是别具一格的创新，也许在熟知基本规则的人看来只不过是已经被人反复练习过的内容。在掌握了全部基础之后，开始思考创新和改变才是真正的技术进步。

第十七条

忠于现场

运用基本原则寻求新的方法是很好的探索方式，但要注意避免变成一纸空谈。如果是脱离现场的纸上谈兵，导致无法实现的话就变得毫无意义了。忠于现场是庭石设计中极其重要的。

记住以上所介绍的内容，开始设计石组吧。

11种石材组合

据上原敬二先生介绍，石组有以下几种组合方式，其中包含了一些特例，设计石组时可以用作参考。

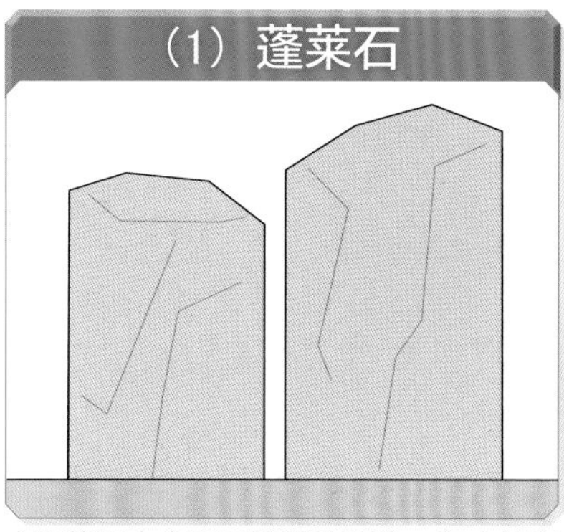

主要使用大小不同的两块石头。在大德寺和灵山观音的庭院里可以找到实例

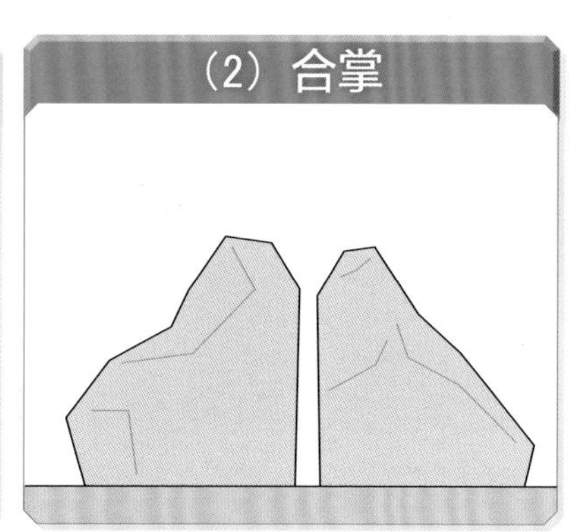

仿佛从两边捧着东西，将两块石头竖立放置

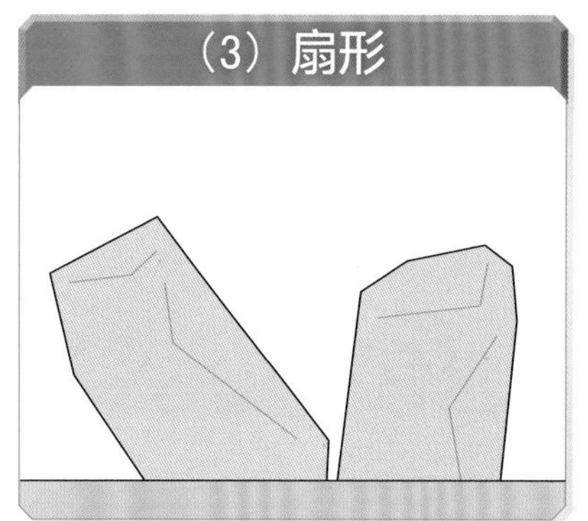

两块石头的上方间距大于根部间距的放置方法。按照石组的基本原则，扇形放置属于特例

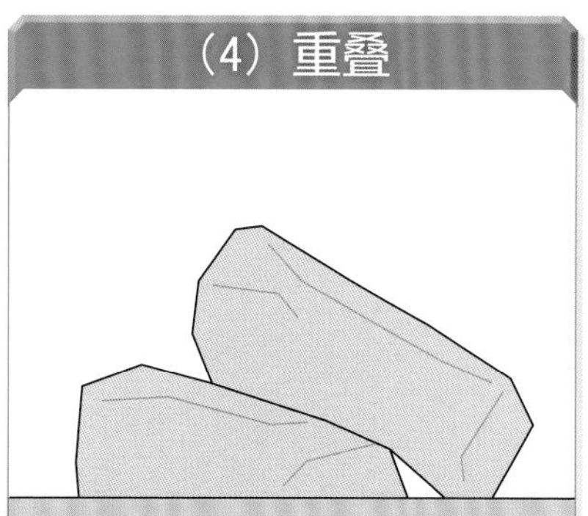

将两块石头在接近水平的方向上上下叠放，表现出大小、倾斜以及前后层次的变化

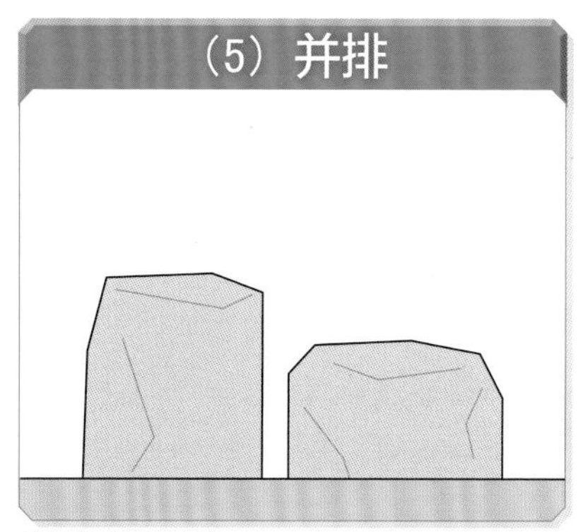

将石头并排放置

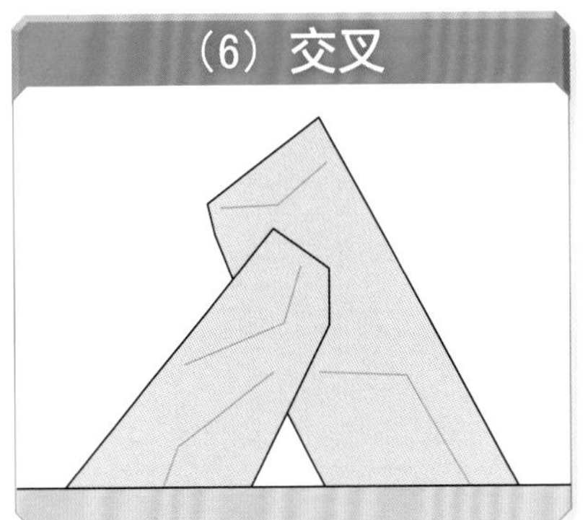

将两块石头左右交叉放置

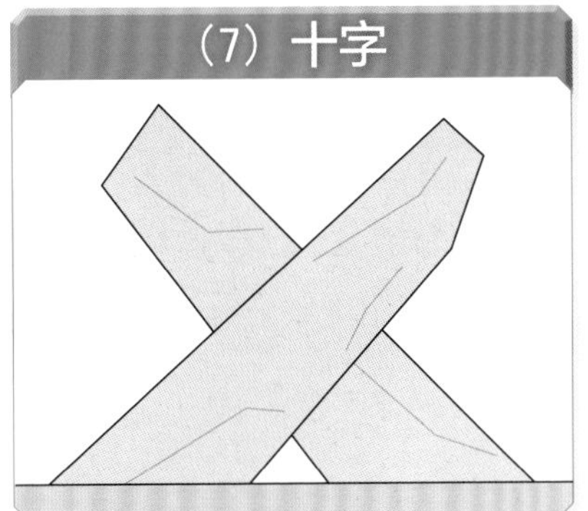

交叉放置的一个较夸张的例子，是一种非常特殊的放置方法

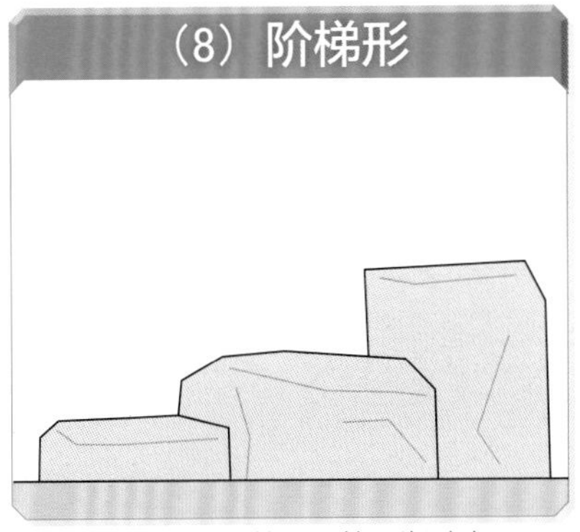

使用大小不同的石块，石块逐渐升高

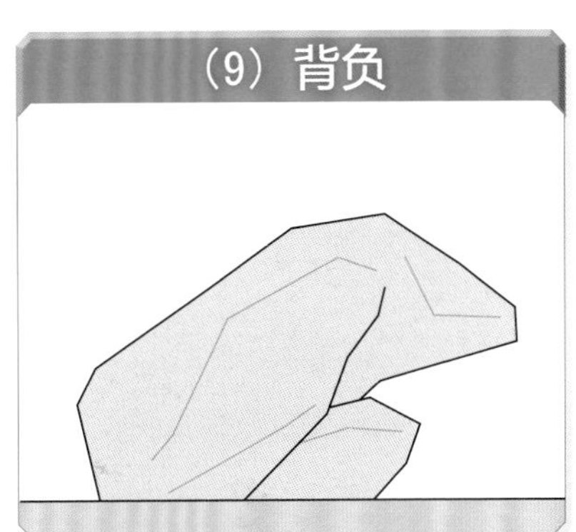

将一块石头放置在另一块石头上面

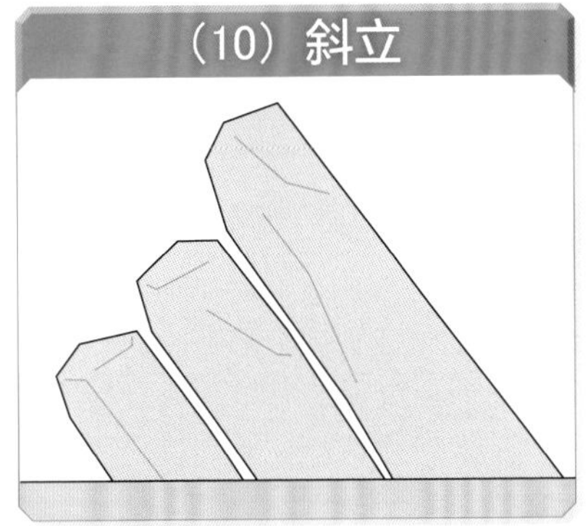

将石头倾斜放置

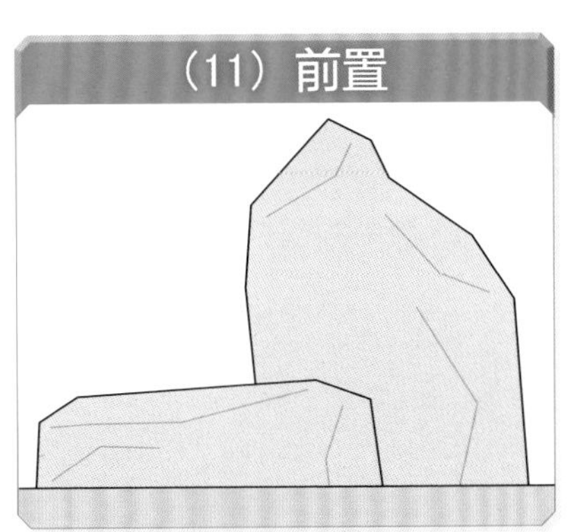

在较大石块的斜前方放置小石块

最基本的石组是双石组合

该用怎样的方式组合两块以上的庭石呢？

让我们用微观庭院来举例吧。

决定主石与副石的关系

首先，需要决定起点是安排在视点中心偏左还是偏右，将最大或者最有存在感、最具韵味的石块放在起点处。这就是石组中的主石。

然后，将第二块庭石放置在与主石相协调的位置上。方向、高度、倾角等的轻微变化都能改变庭石所散发的能量。在组合庭石时需要平衡各个庭石的能量，以决定庭石间的关系。

双石若前后放置就会发生重叠的现象，并列摆放又会让石组失去趣味，因此副石应该放在主石的斜前或斜后方。但如果将主石完全暴露在视野中又会给人不安稳的感觉，由此可见，副石的最佳摆放位置基本都在主石的斜前方。

主石放置在视点左边或右边也是决定石组观感的重要因素

由于人的观看顺序一般为从左往右，将副石放置在主石的右前方会使视线的移动更顺畅，石组会看起来比较稳定，而副石在相反位置时，其与视线扫过的轨迹也会相反，副石则会给人留下较深的印象。

说到石组，可能一般都会认为要使用三块或三块以上的庭石，但其实像桂离宫的立石与横石这样的双石石组也是一种传统的庭石组合方式。

不同的庭石间距与深度带来的不同效果

庭石之间的距离、根部深度会决定石组的整体效果，以及庭石能量的大小和方向。

首先将主石放在中心偏左或偏右的位置

两块庭石间隔较大，整体上能量朝向副石的右前方，呈现出较大的空间感

如果缩小庭石间距，会感觉两块庭石面对面，增加了亲近感

将两块庭石紧贴着放置，会产生整体感，容易集中视线

改变了副石的角度，效果也随之变化

将副石的天端倾斜放置，并增加其根部深度

将副石的天端水平放置

三石组合的构思方法

完成了双石组，让我们再多加一块庭石吧。可以简单地认为三石组合就是在双石组合里添加了一块庭石。双石组合是以两块庭石的对比为主，三石组合则因添加的那一块庭石而更追求整体的平稳结构。

组合三块庭石

①将第三块庭石平放在左侧

②竖起第三块庭石，让其略靠在主石上

③将三块庭石斜放。三块庭石都彰显着自己的独特个性

绿植带来的变化

④在第三块庭石的旁边布置了绿植，给人安稳、平和的感觉

⑤主石的背景更丰富。有些绿植布置在第三块庭石的前方，削弱了其存在感

传统的组合方法1　三尊石组

将主石放在中心位置，其左右各放置一块庭石。三块庭石有各种各样的组合方式

传统的组合方法2　蓬莱石组

归来的船。与右图同为舟石，但归来的船上满载宝物，船比去时吃水更深

中国的世外桃源，蓬莱岛与船。驶向岸边的船

五石组合、七石组合的构思方法

运用三石组合的基本形态，尝试着组合五石、七石吧。相比单一庭石的个性，整体的平衡更重要。

五石组合

第四块庭石做出向右的动感，第五块庭石则放在牵制其动感的位置上

七石组合

第六块庭石的样子缓和了石组整体严肃的氛围。将体积较大的第七块庭石放置在前方，展现了石组的深度

石组实践

石组塾　四国庭石株式会社协助摄影

介绍监修者发起的石组塾授课时的情景。

用草图反复进行设计

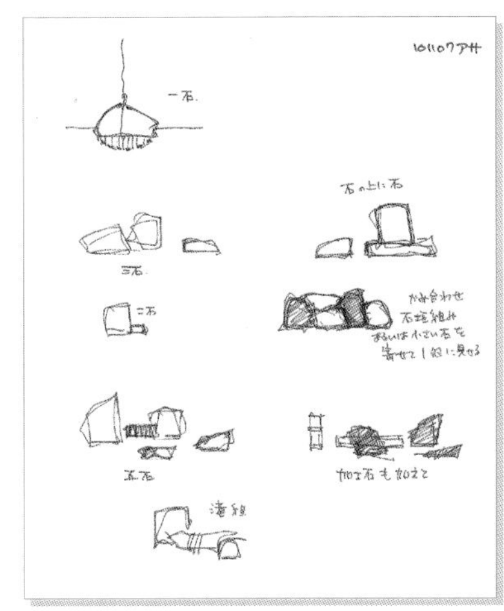

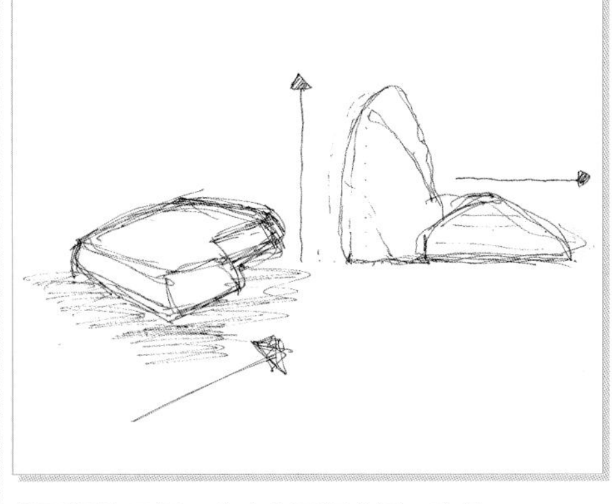

想要设计石组，应事先画好草图。确认庭石的方向和体积感

准备工具

将铁铲、木棒等所需的工具运到现场

1. 选择石材

选择与自己的设计相近的石材

2. 确定视点

确定景观的视点。视点不仅要考虑左右，还要考虑高低，即坐着观景还是站着观景

3. 使用钢索吊起石块

学生们正在学习关于石块大小和重量的知识

根据设计好的方向和角度吊起石块

大多数情况只使用一根钢索，因此平衡最重要

将钢索缠绕到石块上，钢索要嵌入石块缝隙。使用方形木棍和撬棒，利用杠杆原理撬起石块

将钢索另一端的圆环挂到吊车挂钩上

缓慢地吊起石块

4. 移动石块，挖土坑

将石块暂时放在旁边，挖土坑。土坑要比设定的挖得更深、更宽一些

吊起石块，小心地移动到确定的位置

5. 将石块放入土坑中

将石块放进土坑后如果觉得位置不满意，需要重新缠绕钢索并吊起以调整角度等

一边从视点仔细观察石块的方向是否正确，一边小心地将石块放到土坑中

确认石块的正面，在确定了放置角度后再将石块放入土坑中

6. 压实周围的泥土，填埋土坑

一边用木棒等充分压实泥土，
一边用铁铲等填埋土坑

将石块埋好后，再次从正面
确认其角度及倾斜度

需要微调石块时，可以使用
挖掘机的铲斗推压石块

7. 放置第二、第三块石块

每放置一个石块都要用竹帚、钉耙等平整地面

像第一个那样放置第二个石块。学生们正在交换意见

三石组合（学生作品）

老师亲自调整中心石块

经老师调整后的三石组合，中心石块改为笔直竖立

8. 用水淋湿庭石

被水淋湿后石块的颜色会发生改变。放置完成后，需要确认庭石被淋湿时的变化

结束了两天同住同行的学习，学生们表示“直接体会到了微小的角度变化能带来完全不同的效果”，“思考设计是一件非常愉快的事情”，“下次还想参加”，“原以为石组很难，现在大概知道了布置的方法”

放置到狭小的空间中

有时会在卡车无法驶入的狭小空间里布置石组。让我们来看看搬运和悬吊石块的实例吧。

1. 搬运石块

将石块搬运到吊车能够驶入的地方

将铁管并排放在厚合成木板（混凝土板材）上，再放上由其他板材制成的简易平板车，用来搬运石块

滚动铁管

三人合力小心地移动石块

2. 竖起三脚架

在三脚架的中心装上链动滑轮

装好链动滑轮后竖起三脚架

3. 利用链动滑轮吊起石块

将钢索缠绕到石块上，用链动滑轮吊起

将石块移动到放置位置，过程中需要调整三脚架以防倒塌

小心地吊起石块

继续移动三脚架。确保链动滑轮和钢索处于拉紧状态，并且石块始终位于三脚架的使用范围内

4. 继续搬运其他石块

① 

使用吊车将石块移动到平板车的搬运位置

② 

陆续将石块搬运到现场

③ 

将石块运过狭窄的道路

④ 

搬运完的石块

5. 挖坑放置石块

将石块放到放置点附近，用铲子挖坑

使用链动滑轮将石块放入坑中，埋上泥土

6. 放置第二个石块

与第一个石块一样，利用链动滑轮放置第二个石块

一边确认角度，一边将石块小心地放到确定位置

将第二个石块放在第一个石块的旁边

填上周围的泥土并压实。第二块庭石放置完成

7. 放置第三、第四、第五个石块

将第三个石块放在前方

掌握好与第三个石块间的平衡关系，谨慎放置第四个石块

埋土时也要考虑到能够抽出钢索

放置第四个石块，抽出钢索

放置第五个石块

从后往前看的样子

放置完五个石块后的样子

庭院过道

在过道上组合了大型庭石的实例。

1. 放置第一、第二块庭石

将第一块庭石卧倒放置

第二块庭石竖放

第一、第二块庭石放置完成

2. 放置第三、第四块庭石

第三块庭石

近端为第二块庭石。右后方正在为放置第四块庭石做准备

第四块庭石运到

第四块庭石重约1.7吨。确定天端后绕上钢索

将第四块庭石竖起来

抽出钢索前牢牢固定第四块庭石

抽出钢索

3. 补充庭石

放置第五、第六块庭石，二者仿佛支撑着第四块庭石

从入口处看到的景观

在右侧放置一块与第四块庭石对应的大型庭石

仅用一根钢索吊起重约1.5吨的庭石

继续放置大型庭石

右边的庭石适合当作石凳

完成了挡土和台阶部分

从其他角度看到的景观

确定了小径的轮廓

将右侧庭石的楔子印痕
（敲入楔子后留下的孔）
转到可以看到的方向

补充绿植

无法使用吊车的情况下则选用链动滑轮放置庭石

大功告成

平整地面

添加绿植，用竹帚清理落叶等

庭院小径

在庭石间放置宫灯

面对玄关，从正面看到的景色

布置用作石凳的庭石，坐在上面可以悠然地欣赏庭院

在竹篱前方竖着的庭石上预设了两个孔，用于安装水栓

第四块大型庭石与周围作为支撑用的庭石使小径有了弧度

呈现了船与波浪主题的船主庭院（监修者设计）

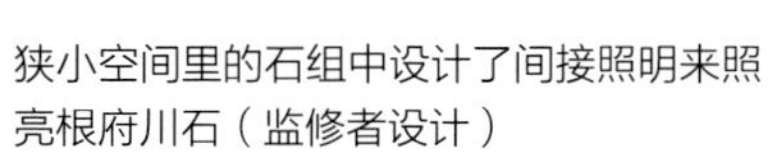

狭小空间里的石组中设计了间接照明来照亮根府川石（监修者设计）

带有小瀑布的石组

让我们来布置一组仿佛来自深山的景色吧。

瀑布造景的关键

在布置瀑布石组时该注意哪些方面呢?

首先，瀑布无论多大都须借鉴自然景观。其次，瀑布的流水声也是重要元素之一。水流的线路和水量都会影响流水的声音。

设计水量较小的瀑布时既可以直接使用自来水，也可以采用家庭用水泵。

石组的诀窍

瀑布上游的庭石尽量采用前倾的角度。庭石的形状对流水量也有一定影响，将庭石前倾布置时，水不会流经庭石而是直接流下。

在布置完石组后，用砂浆填充石组的间隙，以避免水从缝隙流失。

放置瀑布石组的基础庭石

（1）摆放瀑布上游庭石。略微前倾，让水直接流下。

（2）在右图①的两边放置②。首先要放置基石②’，然后再放置②。

（3）此后按顺序放置其他庭石。

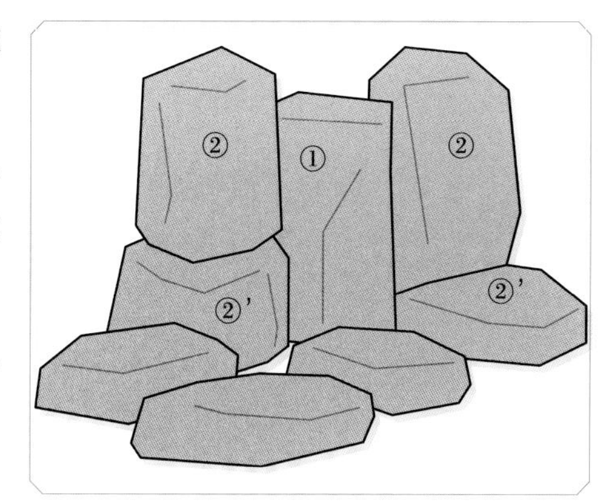

参照《作庭记》，了解瀑布的分类

《作庭记》中介绍了各种各样的瀑布流水的方式。可以作为结构构思的参考。

偏向流下

将水集中至左侧流下。将高和宽都为落水石一半的石块放在左前侧，水流到此庭石上会溅起一片白色水花

正面流下

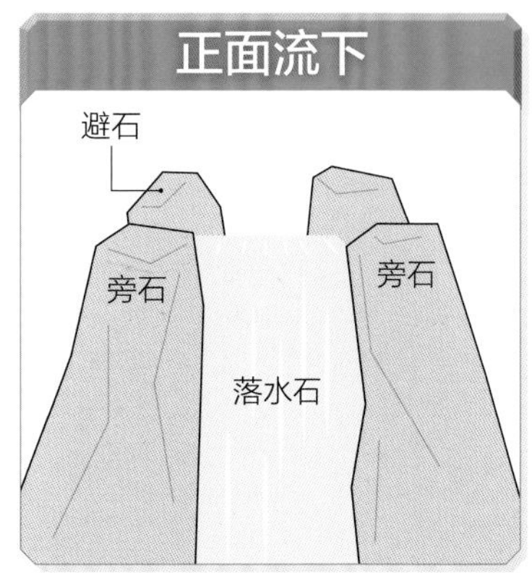

正对着观赏点流下的瀑布。水从上到下整齐地流下

布状流下

像布一样表面平整地流下。在瀑布上限制水流，使流速减缓

侧面流下

稍稍偏离观赏点的瀑布。将水流下的侧面设计为正式观赏点

沿石流下

与离石流下相反，水沿着落水石逐渐流下

离石流下

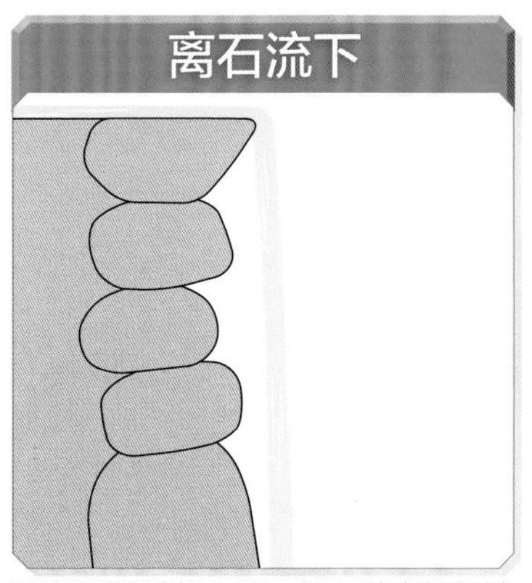

瀑布不经过落水石，从上游直接快速流下

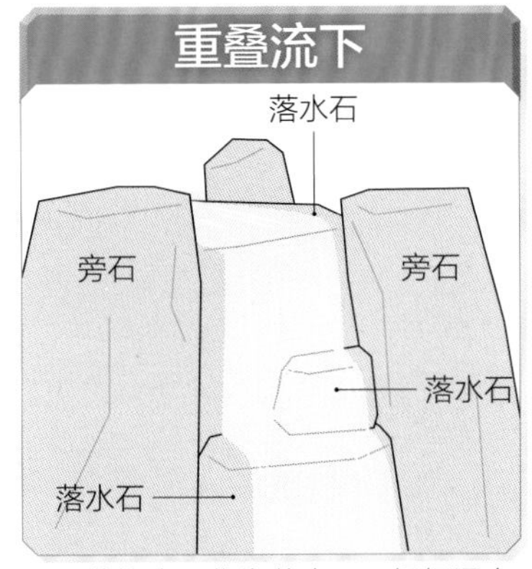

采用数块庭石作为落水石。根据瀑布的高度，可以重叠两次甚至三次

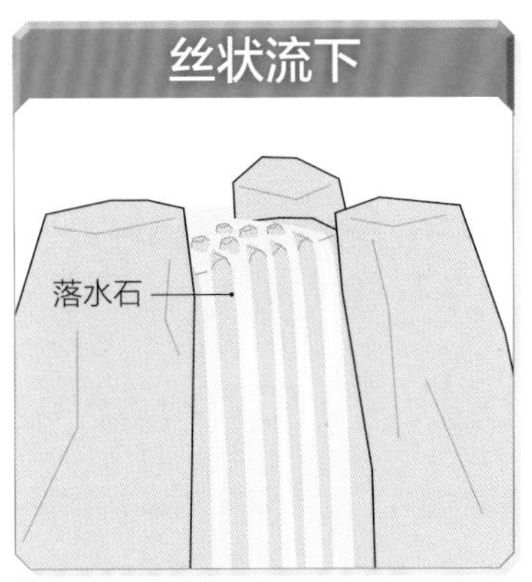

采用有许多高低不平的石块作为落水石时，瀑布仿佛丝线缠绕般流下

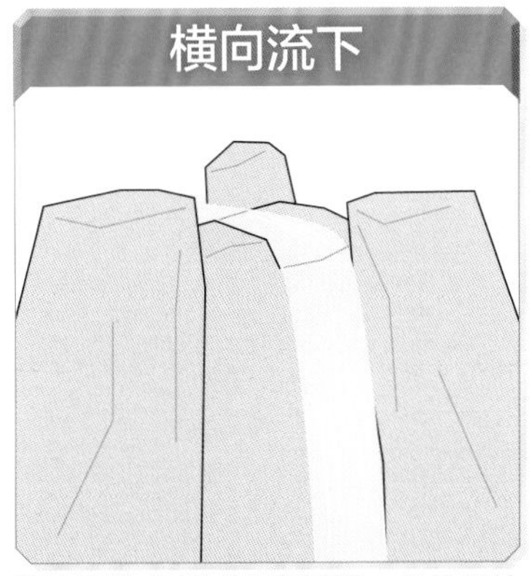

落水石的左侧或右侧较低，水从低处流下

瀑布的流水从左右两边分别流下

三重瀑布与三层瀑布的区别

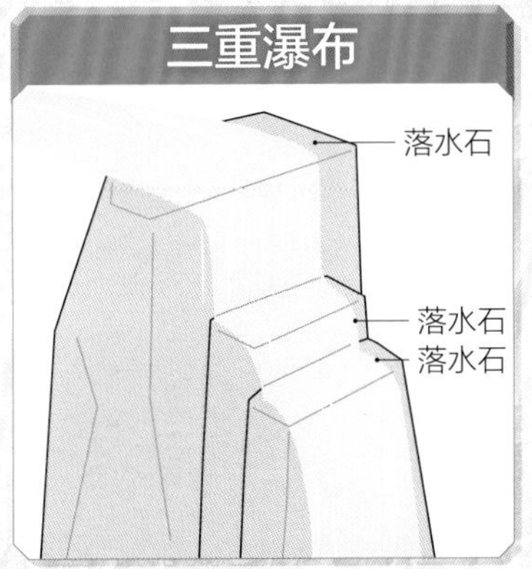

重叠落下的三重瀑布与三层瀑布不同，前者是水沿着落水石流至下一块落水石。像这样将三块落水石紧密放置称为三重瀑布

中国民间传说“跃龙门”中有鲤鱼跃过三层瀑布变为龙的说法，三层瀑布是指像上图那样，落水石之间有一定距离的瀑布

水景

利用根府川石切面的
弧线作为水流路线

从上游往下游看到的景
色。色彩各异的花朵倒
映至水中，呈现出五色
斑斓的庭院风光

樱花花瓣随水漂流

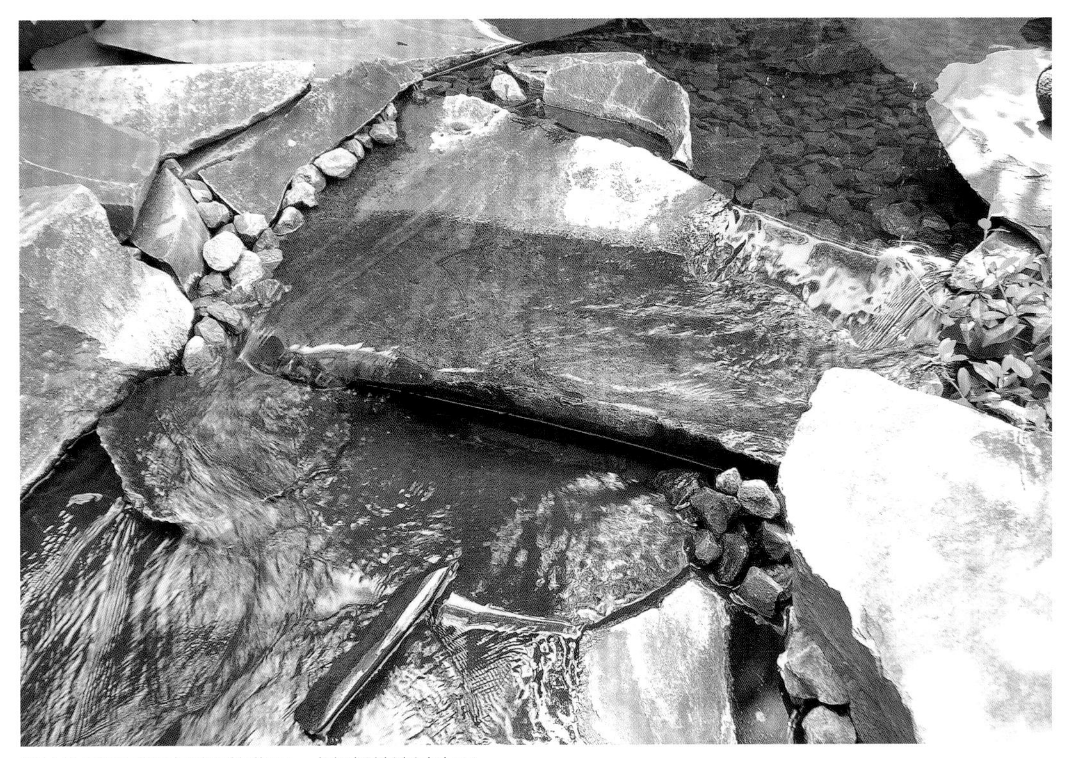

巧妙地利用了根府川石的曲面，水缓慢地流过庭石

东京都世田谷区归真园

以庭院的方式表现多摩川上游的瀑布

中游附近的水流加快冲向下游

下游溅起的水花反射着阳光，闪闪发亮

水流蜿蜒，如丝线般流淌

利用大型庭石的凹凸不平形成多条水流

庄严肃穆

拉面店中庭里的水景

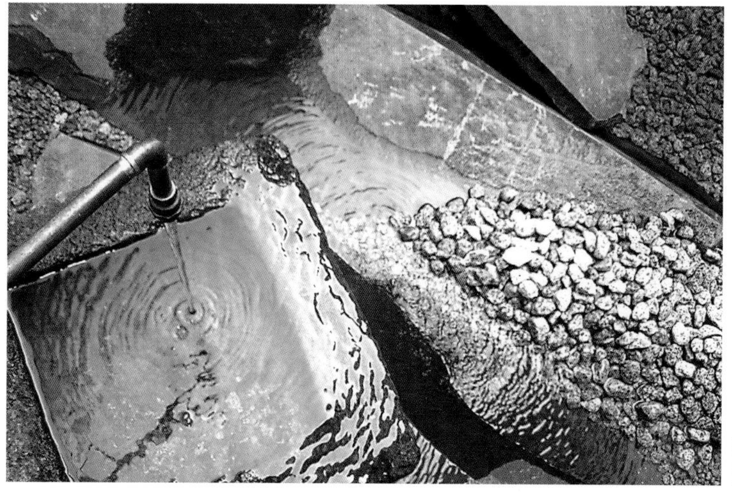

井水落入手水钵中，泛起的波纹逐渐散开

从手水钵中溢出的
水流向池中

从正面看到的右侧（前方）呈曲线，中庭整体为半圆形

此根府川石被用作石凳

从店里看到的景致

涌出的泉水在灯光下闪闪发亮

殡仪场的水景

由流水和石头布置而成的坪庭

水流环绕着整栋建筑，流向中庭

三面为建筑物的中庭，小山成为流水石组的背景

绿色的植被环绕着水景

大量使用了当地的花岗岩

四、石堆实例

让我们来看看石堆的实例吧。

石堆

使用挖掘机堆起庭石

在石堆前方铺设台阶的地基

台阶建造完成

布置了一块大型庭石

台阶和台阶上的石堆

从另一个角度欣赏

石堆左侧沿弧线蜿蜒而上的台阶

青苔与绿植融合而成的美丽景色

整体景致

绿意盎然的植物

台阶尽头的石堆

庭院的青苔给人留下深刻印象

台阶之间也布置了绿植

青苔仿佛生于群石

挡土墙

别具一格（右侧规整、左侧凌乱）的挡土墙

左侧的设计给人以随意堆砌的印象

右侧堆砌的石材之间毫无缝隙

无缝隙规整堆砌的右侧与随意堆砌的左侧的衔接部分

踏步石台阶一旁的石堆

以镰仓石斜面作为挡土墙

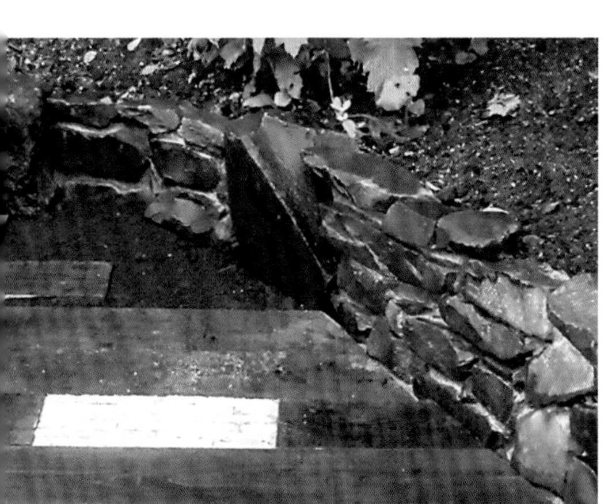

在石堆中采用了一块较大的根府川石作为挡土墙，设计独特

台阶旁用薄型石材的窄面堆砌而成的挡土墙

用薄型石材的窄面堆砌而成的挡土墙

石壁、石墙

由石灰岩堆成的海浪状的石墙

由白色石灰岩堆砌而成的具有海滩风情的石墙

绿篱前的低矮石墙

竹篱的下半部分放置了大型马鞍石

熔岩石墙

竹篱下堆砌的石墙由各种颜色的石材构成

规整堆砌的石墙。石墙前的吊钟花为石墙增添了一抹亮色

使用大小不一的石材堆砌的石墙

落石式石堆因有不同品种的绿植陪伴而别具韵味

经历了岁月洗礼的苔藓让石堆格外美丽

采用了天然岩石的石堆与台阶

由各种颜色石材构成的石堆

不同大小的石材给石堆带来了变化

由不同形状的石材构成的石堆

由加工后带圆角的石材砌成的石墙给人以柔和的感觉

将大型加工石倾斜放置的独特设计

摒弃了直线顶面的石墙，更显得富于变化

台阶

使用根府川石建成的台阶（东京都世田谷区归真园）

五、

烘托石材

庭石所展现出来的氛围也会随着周围的绿植、灯光的变化而发生变化。本部分就让我们来领略一下如何烘托石材吧。

以光烘托

将灯光照射至庭石上会产生怎样的效果呢？

本部分请灯光设计师原田武敏先生介绍照明的作用、方法及效果。

○执笔、摄影
焰·夜景设计公司（Homura Lightscape Design）原田武敏

枯瀑石组（纪州青石）的灯光（清澄庭院）

与白天完全不同，夜色中的庭院氛围

庭院灯光的作用是什么呢？

白天被忽略的庭院景致，有时却能呈现出夜晚独有的氛围，这都是灯光产生的效果。对庭石的照明也是如此。白天时，庭石的光源只有来自上方的阳光，然而使用灯光时，既可以选择照亮庭石的下方，也可以选择照亮其侧面。使用不同于阳光的光源可以让庭石展现出白天所无法呈现的氛围。

另外，黑暗中的灯光还能起到一定的防盗作用。

照明方法

向上照明

自下而上投射光线的方法是庭院照明中最常用的方法。

❶ 向上照亮枯瀑石组（纪州青石）（由焰·夜景设计公司设计施工）
❷ 向上照亮富士灰石堆（由焰·夜景设计公司设计施工）
❸ 向上照亮富士灰石堆（照明用具设置情况，由焰·夜景设计公司设计施工）
❹ 从远处采用顺光照亮枯瀑石组（远光）
❺ 从离庭石较远处采用顺光照亮
❻ 换一个角度看到的图❺的照明效果

照明方法与光效

接下来将为大家介绍几种石组的照明方法。

首先，介绍从下向上投射光线的方法，称为向上照明，是庭院照明中最常用的方法。

照明用具与庭石的距离以及光线的方向会带来不同的阴影效果，庭石的氛围也会截然不同。例如，根据庭石的“气势”，从下方往上方照亮庭石时，庭石的表面会产生阴影（图❶、图❷）。

光源远离庭石并采用顺光时，庭石的表

向下照明

从照明对象的上方投射光线的方法。与阳光的方向相同。在想要强调某一点时会使用此方法。

❼ 仅将光投射到一块立石上。调整光的中心位置，由上向下照亮
❽ 图❼的照明用具设置
❾ 从树上照亮图中央的佐渡红卵石
❿ 向下照亮鹤岛石组

微光照明

灯光仿佛依偎着庭石的方法，特点是光线柔和。

⓫ 行灯的柔和光线微微照亮着庭石
⓬ 柔和的灯光照亮了庭院过道，让高低不平的小路更加安全（由焰 · 夜景设计公司设计施工）
⓭ 间接照明的柔和光线下的州滨纹铺路石
⓮ 从远处看到的图⓭
⓯ 柔和光线下的波痕庭石

图❼、图❽、图❿、图⓭、图⓮、图⓯摄于福智院（和歌山县）。东京设计协会（Design Guild Tokyo）有限责任公司与焰 · 夜景设计公司合作设计。

面灯光会比较均匀，能够清晰展现庭石的姿态，但阴影就会很少（图❹、图❺）。瀑布的照明经常会用到这样的方法。

此外，从上向下照明称为向下照明。这种照明的目的不在于照亮整个庭石，而是将光线投射到一块重点庭石上（图❼），或者对于较小的庭石，向下照明比向上照明更能显现出庭石的氛围时（图❾），经常会采用向下照明的方法。在

旧古河庭院（由焰·夜景设计公司设计施工）

白天，庭院整体都非常明亮，而夜间周围一片漆黑，在需要的地方布置向下照明就可以改变庭院的氛围（图⑩）。

我所说的微光照明是指使用了行灯或园林灯微微照亮庭石的方法。与前两种方法里用到的强光不同，这种方法形成的光线柔和（图⑪、图⑫）。

同样，间接照明也能将光线温柔地投射到铺路石、波痕庭石的表面（图⑬、图⑭、图⑮）。

日本各地上演的庭院灯光秀

现在日本各地的庭院都上演着各种各样的灯光秀，特别是樱花和红叶季节期间，灯光下的庭院已经成为感受四季变化的最常见的景致。

若论灯光秀的数量，京都府最多，有些像东山和岚山的“花灯路”，每个季节都定期举行。

在东京都里，因垂樱而闻名的六义园、我参与灯光设计的滨离宫恩赐庭院、清澄庭院、旧古河庭院等东京都管理的庭院也常举行灯光秀。日本各地（花园中池塘）的回游式庭院、大名庭院、寺庙庭院等也都有灯光秀，其数量每年都在不断增长。

但其中也有不少只是安装了照明，现在真正有灯光设计师参与设计的仍然为数不多。我抱着为这些灯光照明的设计尽一份微薄之力的想法，以一个灯光设计师的身份从事着光景设计工作。

滨离宫恩赐庭院（由焰·夜景设计公司设计施工）

照明用具

这里将会介绍各种为庭院锦上添花的照明用具。

聚光灯　将光线投射到指定位置，更鲜明地烘托绿植与庭石。

AD-2419-L
室外用小型聚光灯（山田照明）
小型灯体，相当于25瓦卤素灯泡的亮度。适用于玄关和门附近

AD-2583-L
室外用聚光灯（山田照明）
相当于70瓦高压气体放电灯（HID）的亮度，灯体较小

AD-2653-L
室外用小型聚光灯（山田照明）
超薄型灯体，几乎看不到灯具的存在

NNY24109H LE9
室外用小型聚光灯（松下）
采用了“彩光色”（植物专用），让绿植更为鲜明

ERS3450SA
室外用聚光灯（远藤照明）
用于在庭院中需要凸显的地方。光的扩散度（从窄角到超广角）、色温（灯泡色/白色）的可选范围较广

NNY24149 LE9
室外用聚光灯（松下）
使用“彩光色”（植物专用）。射角为斜向上55°，广角型

ERS3140HB
室外用聚光灯（远藤照明）
亮度与50瓦卤素灯泡相当、直径仅为70毫米的小型聚光灯。灯具本身并不张扬，可以柔和地照亮植物或墙面

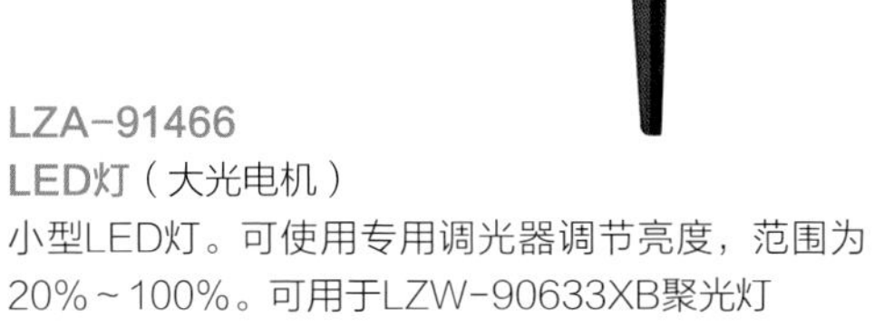

LZW-90633XB
室外用小型聚光灯（大光电机）
为数不多的室外用可调光聚光灯（不包含灯泡）

LZA-91466
LED灯（大光电机）
小型LED灯。可使用专用调光器调节亮度，范围为20%～100%。可用于LZW-90633XB聚光灯

其他园林灯　柱型灯、脚灯等，各家灯具公司都提供了丰富的选项。

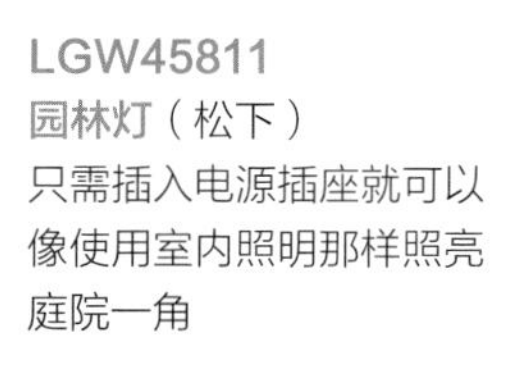

XLGE500YH
LED玄关灯（松下）
直径仅为80毫米，可以用于狭窄的空间

LGW45811
园林灯（松下）
只需插入电源插座就可以像使用室内照明那样照亮庭院一角

AD-2674-L
园林灯（山田照明）
使用冲压成型工艺制造的超厚玻璃园林灯，给人以厚重、沉稳的感觉

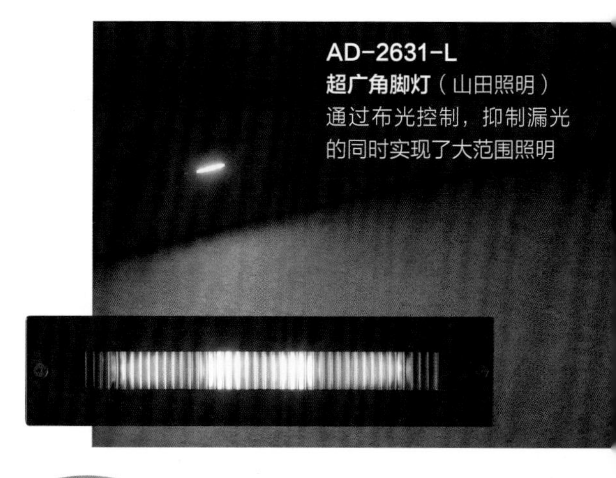

AD-2631-L
超广角脚灯（山田照明）
通过布光控制，抑制漏光的同时实现了大范围照明

YYY13200K E
向上照明+园林灯（松下）
铅锤面和脚下的光线给人以安全感

EL-4949F
向上照明+园林灯（远藤照明）
采用了省电、长寿命的LED与再生玻璃的环保型聚光灯。透过透明气泡玻璃的柔和光线可点缀脚下

AD-2654-L

园林灯（山田照明）

超广角布光的园林灯。经反射板的间接照明让光线更为柔和

EL-4957F

块状玻璃LED灯（远藤照明）

使用再生玻璃的环保照明灯。光线与地面在同一平面。简约的美感更凸显庭院的魅力

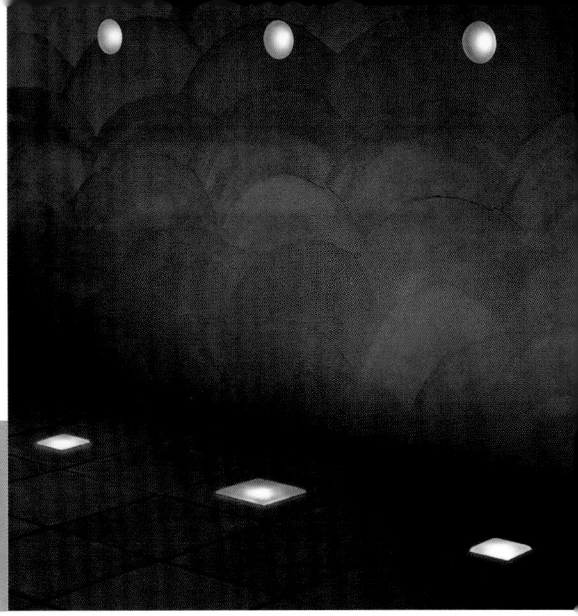

LZW-90402YTE

条状灯（大光电机）

大范围可移动的高能LED条状照明灯

YYY76101 LE1

园林灯（松下）

控制亮度以营造出热闹的氛围

YYY16121 LE1

柱状脚光灯（松下）

柔和的间接照明营造出优雅、平和的氛围

ERL8107H

园林灯（远藤照明）

7.5瓦就可以实现相当于40瓦白炽灯的亮度。插入式、柔性电线、U型插头，需要接地线

ERL8056H

园林灯（远藤照明）

3.9瓦就可以实现相当于25瓦白炽灯的亮度。插入式、柔性电线、U型插头，需要接地线。可用作庭院长明灯

用绿植烘托

将绿植布置在庭石周围，既可以烘托庭石，也可以在庭石景致中增加一些色彩。

在庭石周围的地面上布置绿植还能防止杂草生长。

庭石与地被植物

让我们一起来布置苔藓和草坪这样的地被植物吧。苔藓总是能与日式庭院相得益彰。

浅色系铺路石地面通向现代风格的水管，与草坪的绿意相映成趣

围着景石、形状奇特的石灯笼、砌石而生的草坪

踏步石、景石、苔藓交织而成的日式庭院。位于砂浆和苔藓交界处的石舂别具风格

围着景石而生的麦冬是日式庭院里常用到的绿植

由砂石和麦冬构成的曲线延续至后方景石处，给人留下深刻印象

庭石与草木

灵活布置较高大的树木、低矮的灌木、草地等，更能衬托出庭石的魅力。

使用石舂作为铺路石的实例。绿植也成为一种点缀

被水润湿的那智黑石与植物的色彩营造出了别具风情的角落

在竹篱角落布置了三个石组。布置较高的垂直生长的树木更能衬托石组向上的能量

用堆石打造具有动感的庭院主轴，种植了多种树木和花草

日式庭院里色调柔美的铺路石。布置的各种植物烘托出四季不同的庭石景色

门前的石堆与布置在台阶旁的圆形杜鹃

使用了根府川石的双堆石实例。近处是呈半圆形的绿植

花白、叶红、草绿，颜色丰富的石组氛围

布置了大型石灯笼与壮观的景石而充满律动感的日式庭院

砂石和地被植物构成的曲线延续至景石处。此为设计独特的庭院

水边的竹与枫等高雅植物使日式庭院给人以安静、平和的感觉

由堆石构成的花坛里种植着各种各样的花草

从狭小的庭院过道也能欣赏由根府川石铺成的踏步石和各种绿植

堆石仿佛拥抱着伸出的花草

以树木为中心向外呈辐射状的圆角铺路石

在石墙上布置了许多花草，仿佛从石墙中长出来的

植物的阴影柔化了直射的阳光

只在堆石和景石旁放置盆花就可以给庭石景观增加一抹亮色

瀑布旁的红色果实造就了优雅的景色（东京都世田谷区归真园）

可以用作石凳的根府川石旁种植了香气浓郁的大叶钓樟（东京都世田谷区归真园）

景石的凹陷部分种植了绿植（东京都世田谷区归真园）

矗立在庭石与草坪造型两端的椰树

在卧放的景石周围布置了小竹（东京都世田谷区归真园）

树木、枕木和如同将其包围的砾石造就了独特的空间

草与花　欣赏四季各异的庭石。

景石周围布置着小小的堇菜，趣味盎然

从沙石里长出来的小花

景石旁种植的三白草

由根府川石与熔岩组成的石组，以及矮桃

由枕木、砖块、小圆石、碎石铺成的石路中点缀着盆花

筑波石石凳与日本紫珠。可坐在石凳上欣赏紫珠的果实（东京都世田谷区归真园）

用馨香烘托庭石景观

该如何将馨香融入庭石的风景中呢？我们请来了专门从事馨香风景设计的小泉祐贵子介绍如何进行庭院的嗅觉设计。

○风景画设计工作室（Scentscape Design Studio）小泉祐贵子
执笔、照片提供

馨香存在于所有的风景之中

随着秋意飘来的桂花香，告知人们春天来临的清新瑞香，初夏的广玉兰，风景中包含着此时此地所特有的馨香。

其中不仅只有花香，迈入针叶林时清爽的树木味道扑面而来，雨后放晴时飘来的青草气息，这些都影响着人们对风景的感受和印象。

在枯山水庭院里想象一下馨香

将馨香与庭石融合，将会给空间带来更丰富的情感体验。

当置身在用石块和沙砾表现山水风景的枯山水庭院时，欣赏着庭石所呈现的景观时，是否想象过那里会存在馨香？

请允许我来介绍一下风景画设计工作室正在进行的全新尝试。秋季的东京都清澄庭院上演灯光秀时，工作室尝试将馨香融入其中，让人们通过感官充分领略庭院的魅力。

我们所做的尝试中有一处恰好位于瀑布石组旁。这里有由青石展现的枯山水景致，是庭院的景观之一。夜幕落下，华灯初上的时候，傍晚的昏黄与灯光照射下的石组开始展现出不同以往的独特氛围。我们就在此时用让人们能联想起水流的清凉味道来烘托此情此景。

在庭院中散步的游客会在观赏夜幕中瀑布石组的同时被清新的香气所包围，而产生一种独特的体验。有的游客说“去年的香味体验印象深刻，所以今年又来了”，也有的游客说“每次看到瀑

初夏盛开的广玉兰。大型花蕾绽放，优雅的清香扑面而来

布石组就会想起在清澄庭院闻到的香味”。

馨香有一种能够深深触动情感并刻入记忆的力量。眼睛看到的景象加上嗅觉的体验，更能够让人们意识到眼前的风景，体会其中的韵味，让风景更触动人心，留下更鲜明的记忆。

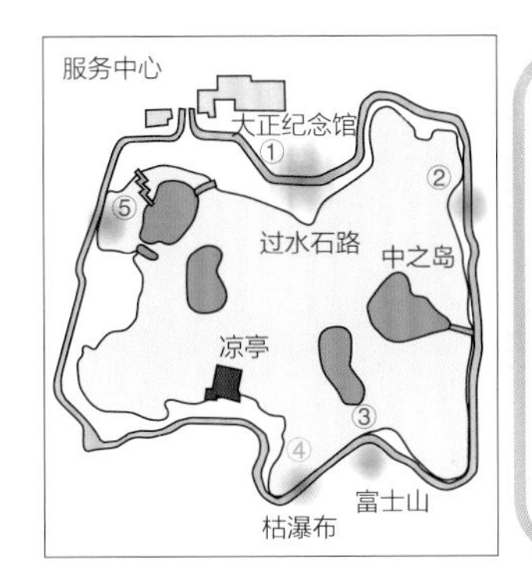

清澄庭院中融入了香气风景的场所

①大正纪念馆前草坪附近。
②中之岛前的凳子附近。
③富士山园林小径。
④枯瀑布附近。
⑤可以隔着池塘回望庭院的地点。

①、②、③、⑤使用“清澄秋夜”香味，
④使用“清瀑”香味。

清澄庭院的枯瀑布边。灯光照亮的同时引入了香气，让游客通过感官欣赏庭院的景致

塑造庭石与馨香风景的方法

我们该如何将馨香元素加入庭石风景中呢？

在自家的庭院或者玄关以石为凳时，在石凳旁边或者后面种植散发清香气味的植物就是一种很好的尝试。植物布置在上风位置，坐在石凳上休憩时就可以享受随风而来的四季清香。选择植物时要综合考虑香味的特点以及布置地点的特性。

在庭院或玄关这样的室外空间还可以放置香味灯笼，为庭院增添全新的风情。

当然，香气也可以作为室内装饰来使用。根据自己的喜好，选择各种颜色、形状、质感的石材，加入可以买到的熏香油或者香水等，放到自己喜欢的位置即可，关键在于要选择空气流通的位置。熏香油要放在托盘上，以免熏香油渗入石材底部。

稍稍留意风景中的香气，并灵活运用馨香，对空间有全新感受正是我想提供给大家的一种体验。

放置在室外的香味灯笼也可以作为脚灯使用。内部可以放入香料，通过照明加热以释放香味（工作室合作开发的产品）

踏步石的布置

本书所有的内容中，比较容易尝试的就是布置踏步石。考虑实用性的同时，让我们来关注一下它的设计。由天然石材铺成的小路会给整个庭院带来平和。本部分还会介绍关于沓脱石的布置方法。

踏步石的作用

为了不让鞋子被夜晚的露水打湿而创造了踏步石

星星点点地布置在庭院过道或露天小径上的庭石被称为踏步石。最初是为了防止穿着草鞋走过满是露水的庭院时脚被弄湿才设计了踏步石，它也是日式庭院里一种独特的庭石。一般庭石都要布置，而踏步石的布置常常用“点”来描述。踏步石也会被点在建筑物前，以及露台通往其他建筑物的小路、环道上。

踏步石不仅仅要便于行走，也是构成整个庭院的重要部分，因此也要考虑到景观的设计。江户末期的《露地听书》中有这样的叙述：“利休布石，六分行四分景，织部则反之。”千利休布置踏步石时更注重便于行走，而古田织部（千利休的得意门生）则更注重美观。实用性和设计感都是布置踏步石时必须考虑的要素。

水上踏步石的实例
（东京都世田谷区归真园）

踏步石布局的种类

自古以来踏步石就有各种各样的点法。让我们来看看其中的一些例子。

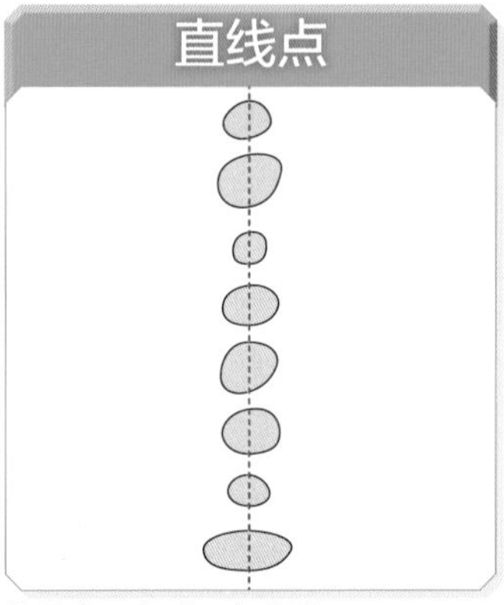

将踏步石点成一条直线

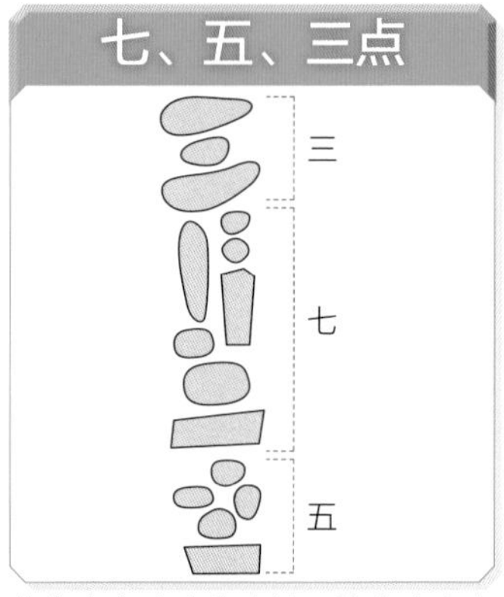

大德寺真珠庵的点法。将大大小小的庭石按七、五、三布置

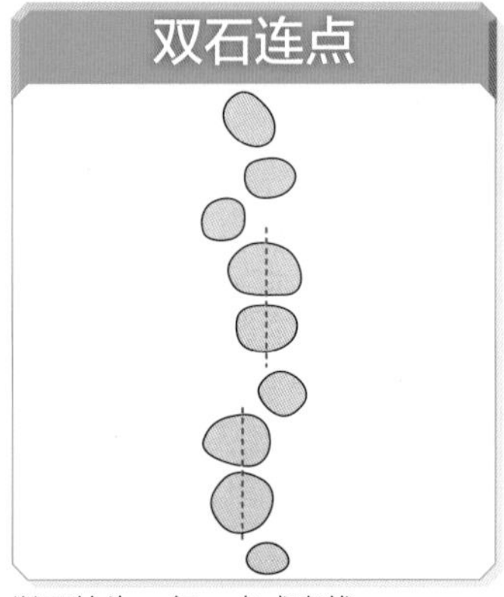

以两块为一组，点成直线

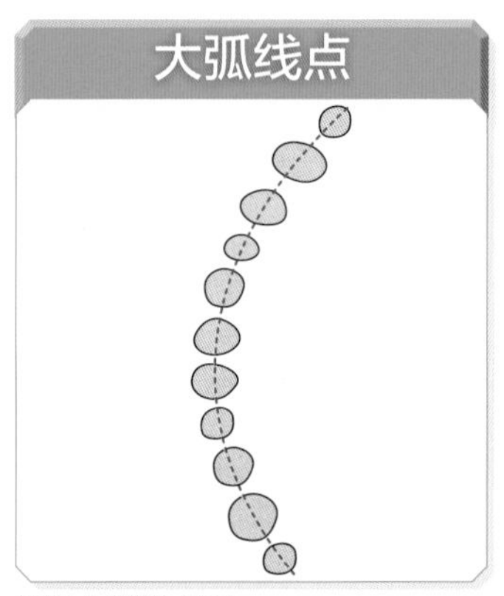

沿着大弧线点石

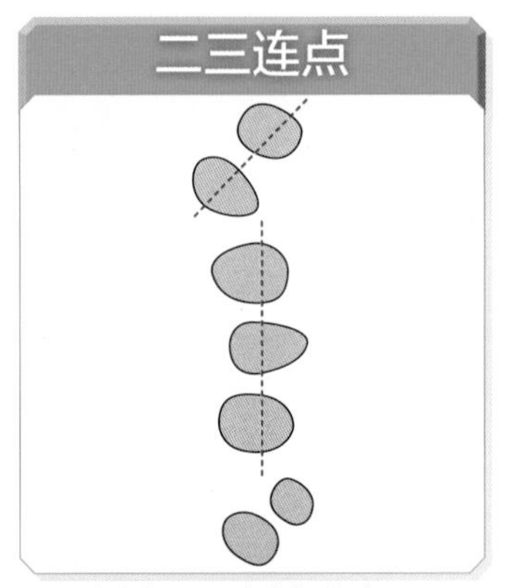

双石连点与三石连点相结合

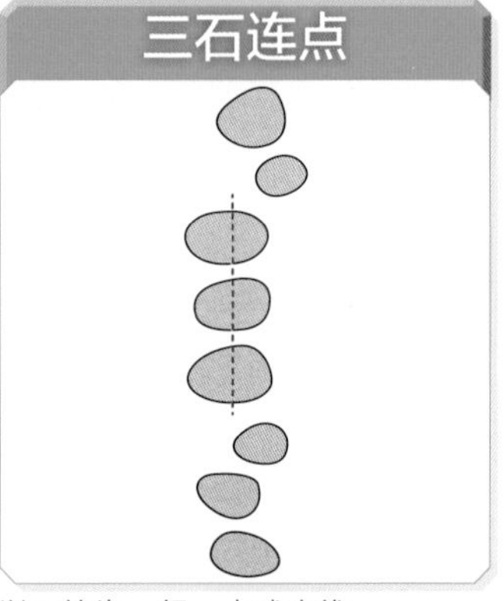

以三块为一组，点成直线

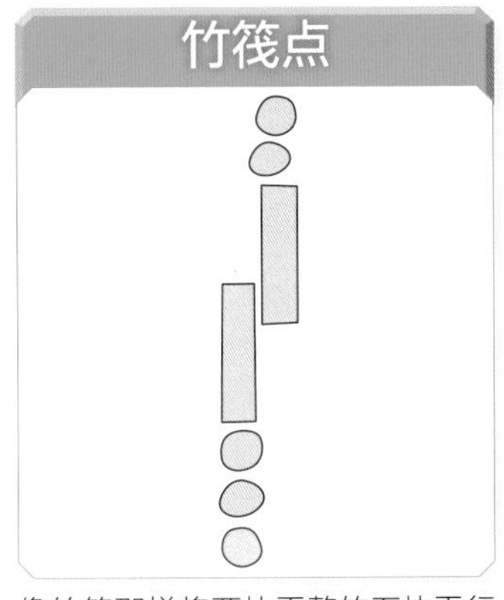

像竹筏那样将两块平整的石块平行摆放

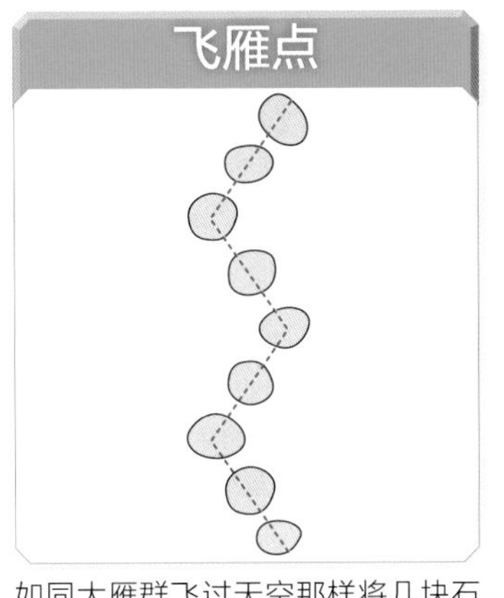

如同大雁群飞过天空那样将几块石头左右交错布置

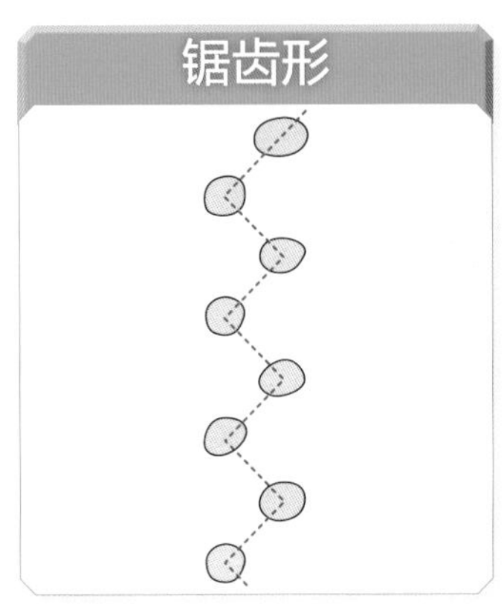

相邻石块左右交错，将石块摆放成锯齿形

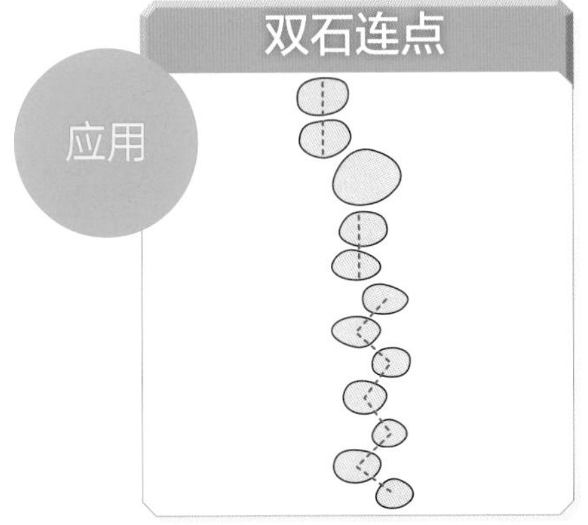

使用了大小不同的石块，从上方的双石连点过渡到下方的锯齿形布置，充满韵律

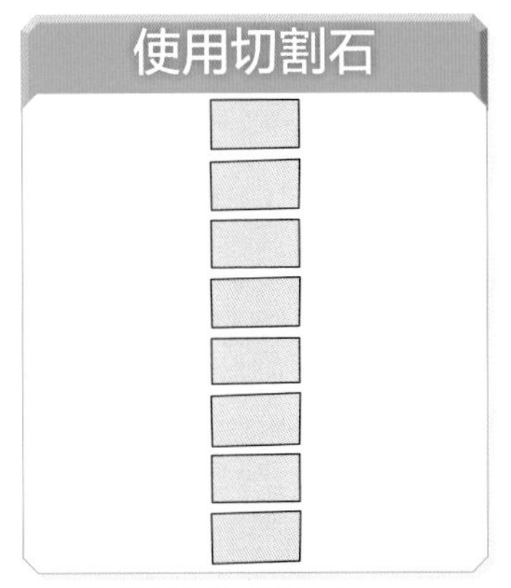

将方形切割石按直线摆放

避免使用以下点法！

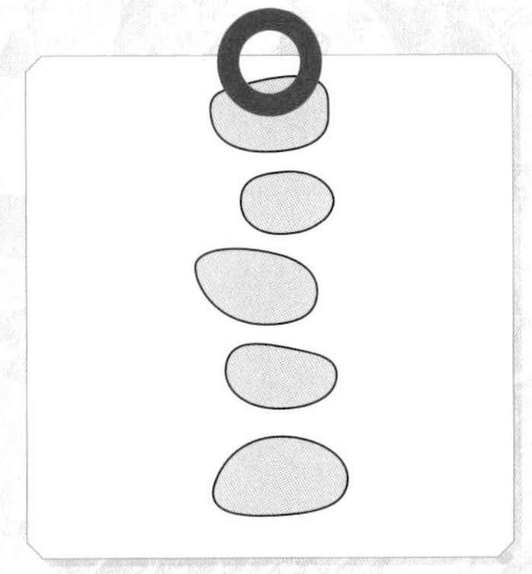

应该横向放置

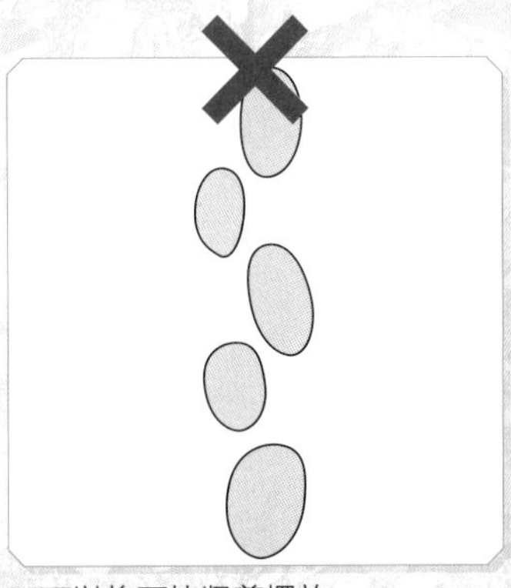

不可以将石块竖着摆放

踏步石需相对于前进方向横向放置。如果竖放，则走路时需要迈大步，不方便行走。

布置踏步石

让我们来试着布置踏步石吧。不仅需要便于行走，也要考虑实用性与设计感的平衡。

基本原则

45～55厘米

10厘米

3～5厘米

这是最基本的形式：石块间距约10厘米，正好一个拳头的距离。以前因为考虑到穿着和服时的步幅，左右脚的中心距离为45～55厘米，而现在无须局限于图中的尺寸，更应该按照行走的实际步幅来设计。石块露出地面的部分高为3～5厘米

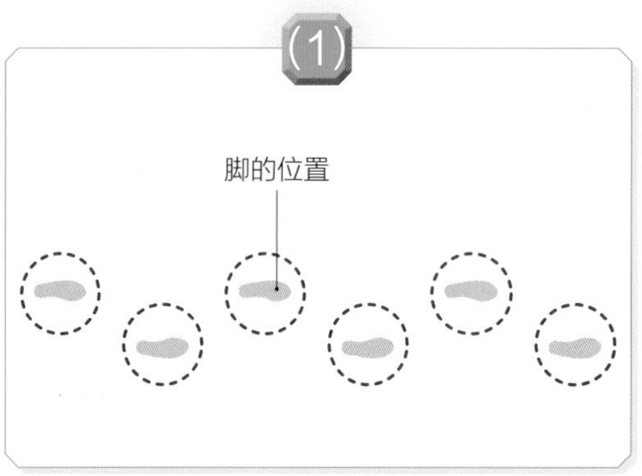

首先，为了确定踏步石的放置位置而来回走动，踩出脚印后用木棒等在脚印周围画上圆圈，用作记号

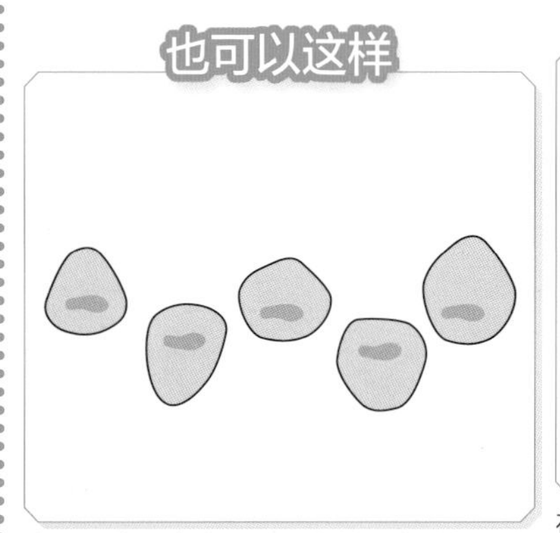

也可以像图中这样将石块的最宽处放置在脚印的位置。无须按部就班，重点在于追求理想中的实用性和美观的平衡

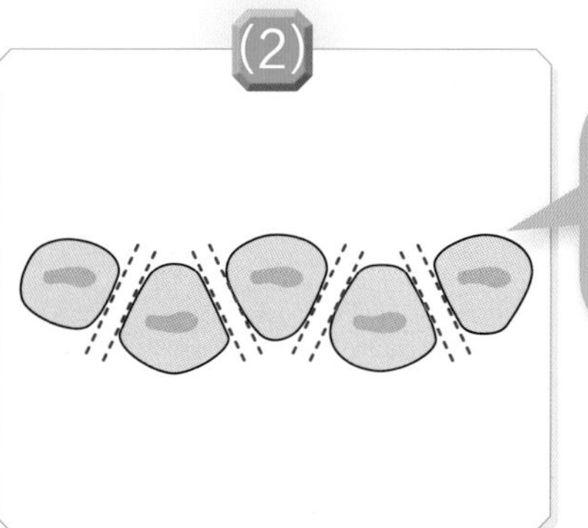

注意：要将石材的平整面朝上放置。

在图（1）的记号位置放上踏步石。有人主张石块之间宜平行放置，但也不必拘泥于此

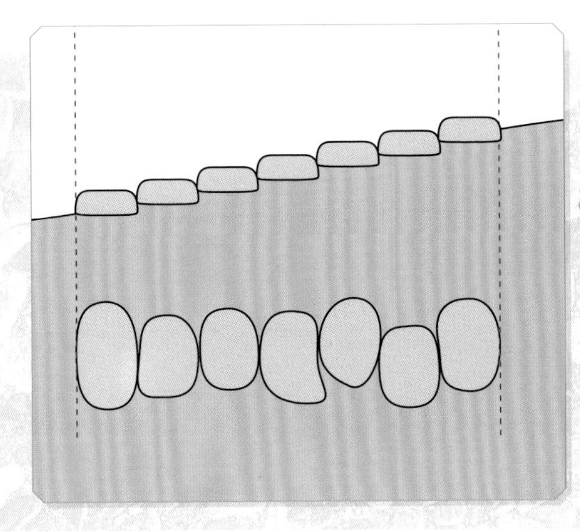

在斜面上布置踏步石

在斜面上布置踏步石时需要选用较厚的石材。埋入土中越深，踏步石则越稳定。石块之间无间隙地布置就组成了台阶

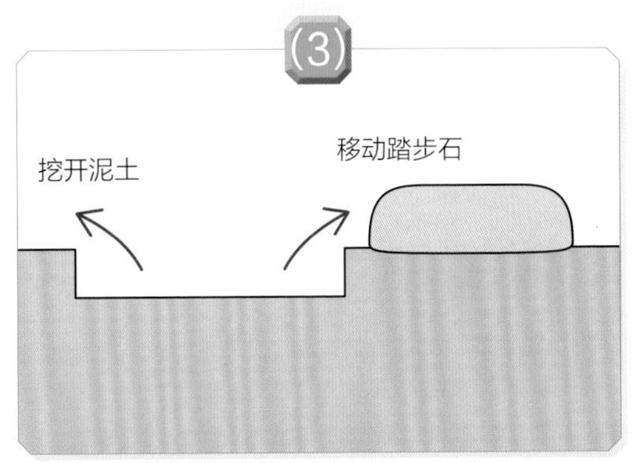

将踏步石暂放在设计位置的旁边，挖开记号内侧的泥土，深度需让踏步石露出地面3~5厘米

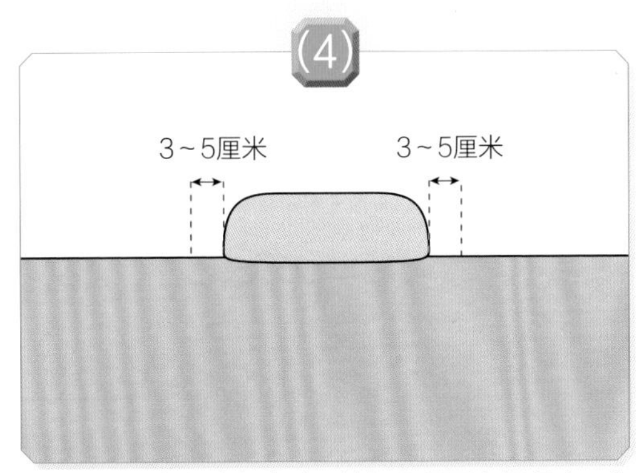

完成后，反复行走以确认石块间距是否方便行走。必要时移动石块。确定位置之后，用木棒在石材外侧3~5厘米处做记号

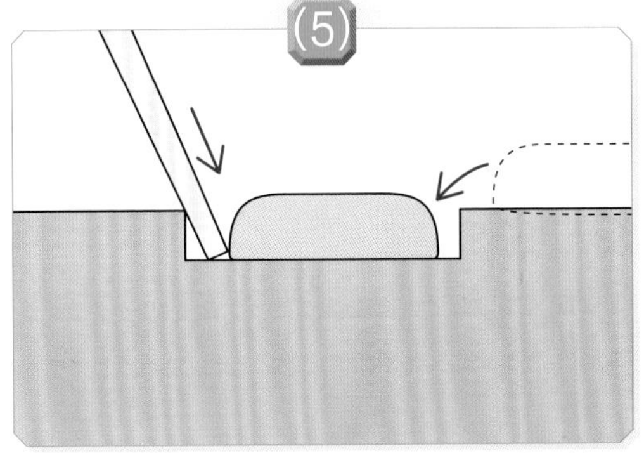

将泥土填盖到踏步石周围，将泥土夯实并整理地面，以完成踏步石的布置

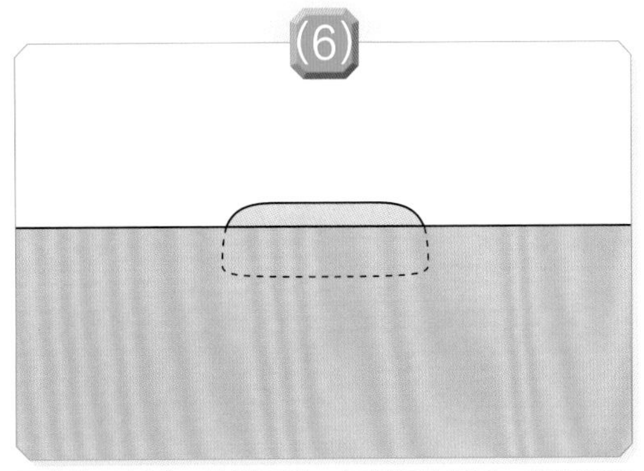

平整挖开部分，放置石块。如果石块晃动，则需要在空隙处填入泥土

踏步石实例

用作踏步石的石材可以是天然石也可以是人工切割石。踏步石的布置方式会影响到整个庭院的趣味，有时也能体现出设计者的用意。让我们来看一些踏步石的布置实例吧。

石材表面的有趣花纹的活用实例。图中选用了形状各异的石块

交替使用了大小不同的石块，并在中央放置了一块较宽的石块，将整个水上踏步石设计为钩形，以呈现变化

私人庭院里的踏步石（施工中）

布置踏步石时要注意相邻石块的边线，慎重地决定放置方向和间距

在狭小的空间里布置踏步石可以给庭院带来动感，以连接其他景致

在踏步石的周围布置了沙砾和苔藓，可以起到防止野草生长的作用。图为优美的日式庭院

用颜色和形状各不相同的石块布置的踏步石

由石组和踏步石构成的景致

水上踏步石中的一部分被设计成较宽的步幅

大型的圆形石增强了踏步石的存在感

将方形石块规则摆放，铺成了大弧线形的庭院小路

按一定规则铺设的踏步石

在庭院小路的分岔处采用了基石，形成大型岔口的设计实例

采用天然石和人工切割石作为踏步石

沓脱石实例

放置在建筑物门口，方便脱鞋的石块被称为沓脱石。

让我们来看看布置沓脱石的重点和实例吧。

沓脱石的作用

沓脱石是为了方便进出室内和庭院的石块。虽然沓脱石并不是必不可少的，但它是庭院构成中的要素之一。沓脱石是从室内迈向庭院的脚下第一块石头，也是观赏庭院时最重要的视点。而且，从庭院望向建筑物时沓脱石会非常显眼，因此布置时需要考虑其大小、形状等与建筑物之间的平衡关系。

选择怎样的石材

布置沓脱石时应首选天然石，但作为沓脱石的石材需要有平整的一面，并且不容易打滑，对形状美观等的要求甚高。近年来因很难找到合适的天然石材，常常会选择使用人工加工的石材。

也有像桂离宫（位于京都）里的沓脱石那样特意通过加工来体现设计感的实例。通过加工，整块石材都经过了精心处理，并在上表面加工出微凸的曲面，以防止积水。

连接建筑物与庭院的沓脱石

在建筑物的屋檐下，正在用小型挖掘机布置大型沓脱石（东京都世田谷区归真园）

将石块小心地移到设计位置

采用甲州御影石作为沓脱石。沓脱石的左边布置了小松石作为辅助石

石臼被用作沓脱石的辅助石

布置在室外木走廊前的低矮踏步石，同时被用作走廊的基石

与建筑物平行布置的长方形石块

与木走廊几乎等高的
踏步石

使用了根府川石和花岗岩切割石的踏步石实例

使用了本鞍马石的实例

为了体现庭院的野趣，特意采用了凹凸不平的变质岩作为踏步石

铺设铺路石和石径

将铺路石排列放置而铺成的小路也称为石径。与间隔较大的踏步石不同，石径是由大小各异的石材铺成的有一定长度的小路。

铺路石、石径的种类及要点

铺路石的“真、行、草”

庭院设计中有“真、行、草”三种概念。按规则布置的称为“真”，“草”则为零乱的状态，“行”处于“真”和“草”之间。铺路石也同样有“真、行、草”三种设计方法。

完全使用切割石铺设成直线的方法为“真”。使用切割石、碎石、小石块构成的为“行”。“草”则完全使用小石块构成。

铺路石的要点在于接缝

铺设铺路石时，石块间的缝隙称作接缝，铺路石设计中最重要的就是接缝，这也体现着设计者的创意。有些用灰泥直接固定，有些则在接缝中加入苔藓以增加情趣。

仔细地布置石块非常重要。布置的基本原则是每块铺路石的接缝都呈“Y”字形。接缝须避免十字交汇或者一线连接。此外，接缝的宽度也需要保持一致。布置时需将相邻石块的边线平行放置，以使石径整体均衡。

如果事先不打好石径的地基，铺设铺路石之后则会产生下沉甚至破损的现象。需在基石上铺设水泥，然后在水泥层上使用砂浆布置铺路石。

正确的布置方式是让每一个缝隙都呈“Y”字形

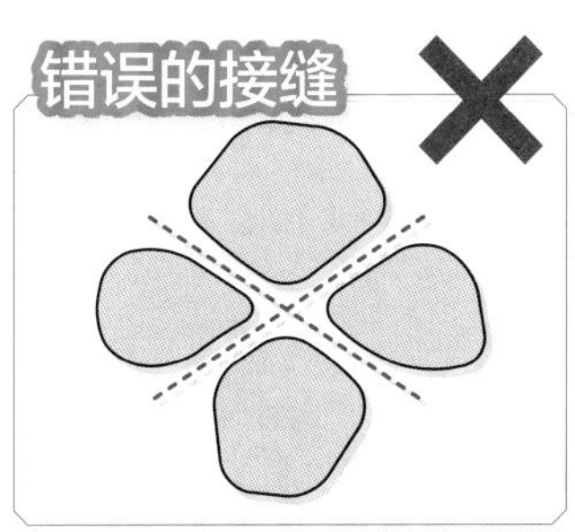

十字交汇的缝隙不仅不美观，还缺乏强度

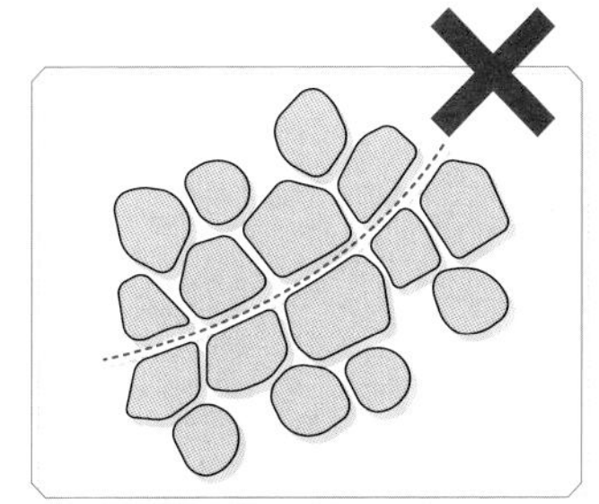

要避免接缝连成一线

铺路石、石径实例

组合了各种大小不同的铺路石

用小块河流原石精心铺设的石径。现在已经很难收集到这样的石材了

在大块方形和三角形石材的间隙里铺设了小块石材

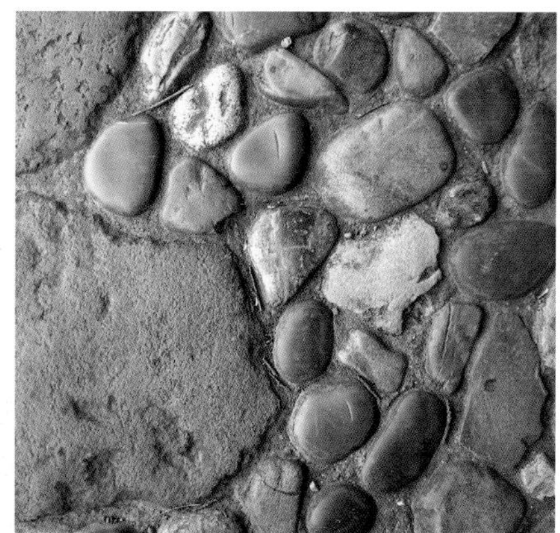

也可使用略带圆角的石材

在斜坡上设计了用铁平石构成的平整石径，方便行走

用不规则布置的谏早石消除倾斜不均的实例

用真黑曜石铺设的旧式石径

布置了大型石块，且石块之间的间隔较大

仿佛采用了各种颜色的石材铺设而成的石径

采用了“凸接缝”方法，石径凸显了铺路石的厚度

大、小石材的组合表现出轻重缓急。周围的小石块更衬托了大石材的存在感

表面平整而便于行走的石径实例。左前方采用了片状熔岩石，给石径带来了变化

右图中石径的放大图，石块接缝较大

完全使用小石块精心铺成的石径，让人联想起江户小纹的样式

采用大小近似的铺路石构成的石径

边线不平整的石径，灵活地使用了天然石

由方形石材和小石块构成的庭院小径

由丹波石铺成的露台，一部分接缝里长了苔藓

从另一个角度看到的上图石径

日式庭院的铺路石

小石块的白色与植物的绿色给庭院增添了一份清新

在大块的方形石材上停下脚步观赏周围景色。在庭院小径上漫步时可欣赏各种绿植

在铁平石里加入了经过切割的花岗岩，构成了庭院过道

平整的丹波石表面便于行走

采用熔岩石和花岗岩铺成的石径

用两种石材按方格纹铺设

不同种类的小石块与小巧可爱的植物构成了令人愉悦的空间

用大量带圆角的小石块铺设而成的宽敞石径

石径展现了宽敞的空间感

规则地铺设了方形石材。两边采用了立方花岗岩

石材本身的形状构成了不平整的边界，
给整条西洋风格的石径带来了变化

为日式庭院增添色彩的石径
别有韵味

采用较长的加工后剩余石材构成的石径

铺路石、石径的铺设实践

归真园原清水家住宅书院前的铺路石

1. 在水泥地基上准备好砂浆和石材

在水泥地基上准备好不含水搅拌的砂浆

准备好石材

实际使用的铁平石

2. 铺设石材

从外侧开始铺设

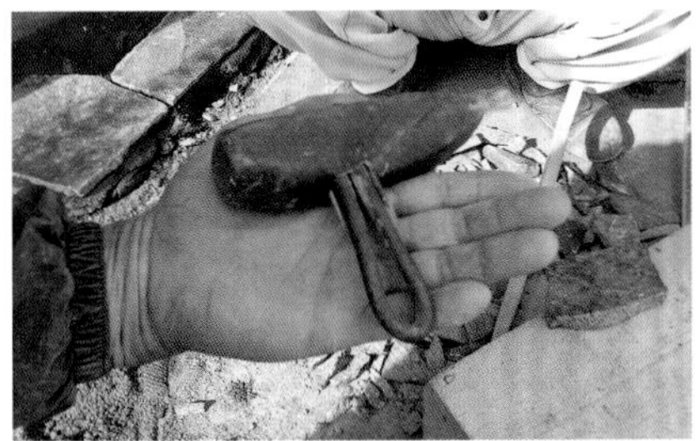

手工制作的工具

为配合相邻石块的形状而切割石材

逐一铺设石块

将石块放到铺设位置

铺设砂浆

将石块放到砂浆上，并用橡胶锤子敲击，以调整高度

放置一块石材，在需要切割的地方做上记号

按照以上步骤铺设石材。铺设的同时用铝合金长杆确认石材的天端是否水平

一边确定天端是否水平，一边铺设石材

3. 调整接缝和表面

这个实例中的接缝高度与石材相同。细致地将砂浆填入接缝

表面铺上用较多水搅拌的砂浆以填满接缝后，用海绵擦去石材表面多余的砂浆

一边调整表面，一边铺设石材

大功告成

为了方便轮椅通行，采用了较为平整的接缝设计

以碎岩石为铺路石点缀在沓脱石周围

1. 布置沓脱石

❶ 在布置位置上做记号
❷ 铺设水泥地基，布置沓脱石，用碎岩石垫高沓脱石
❸ 石堆的前方再布置一块沓脱石
❹ 铺设碎岩石
❺ 调节高度以使表面平整

2. 完成步骤1后沿着建筑物继续铺设

从沓脱石延伸出来的石径以平行于建筑物的方式铺设

铺设石径的详细步骤

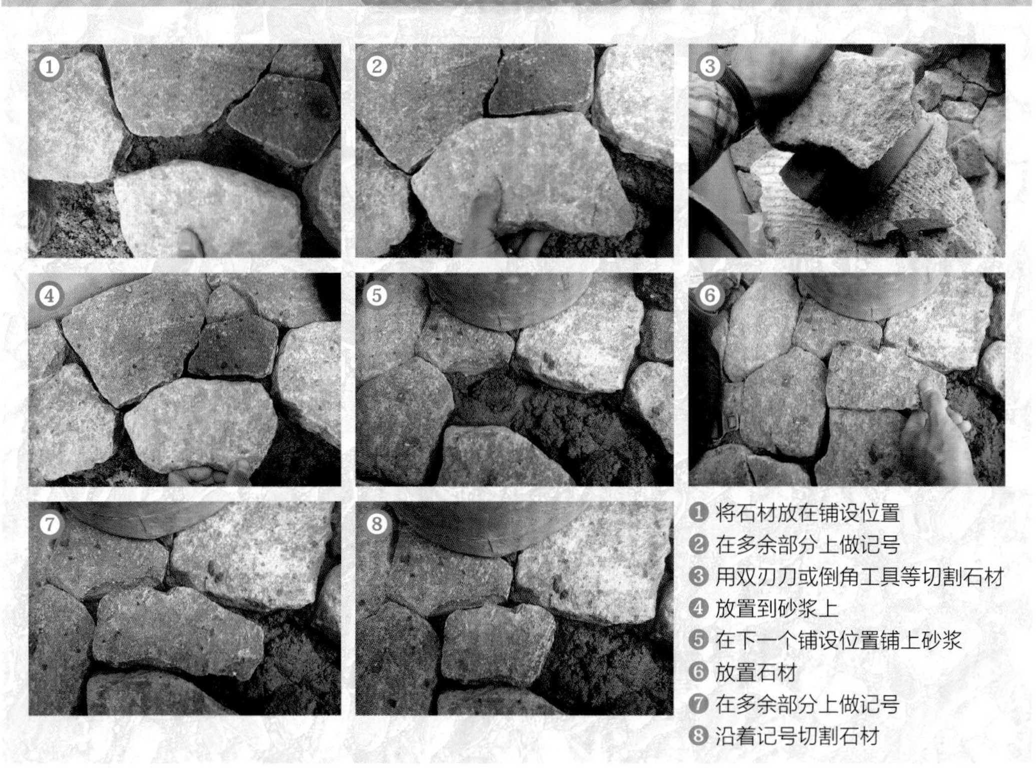

❶ 将石材放在铺设位置
❷ 在多余部分上做记号
❸ 用双刃刀或倒角工具等切割石材
❹ 放置到砂浆上
❺ 在下一个铺设位置铺上砂浆
❻ 放置石材
❼ 在多余部分上做记号
❽ 沿着记号切割石材

3. 填充接缝

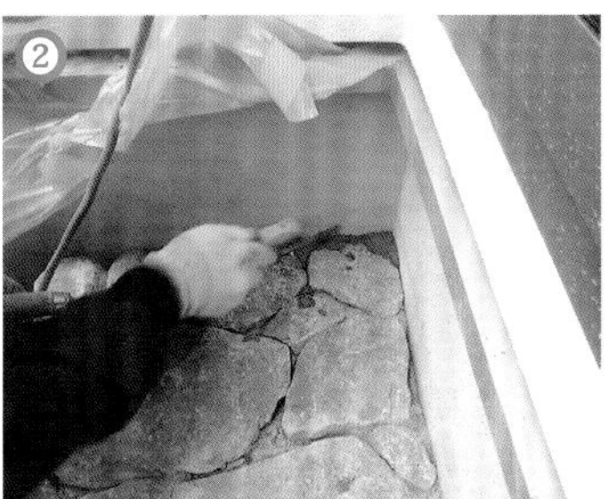

❶ 填充前

❷ 将砂浆仔细地填入接缝

❸ 完成填充接缝

❹ 用水清洗后的石径。图为与建筑物相接的部分

❺ 石径整体

4. 铺设通往后方的道路

采用瓦片作为石径的材料之一

在建筑物前方铺设庭院小路

铺设瓦片

用瓦片和铺路石构成石径

放置方形石块，以增加整个庭院的稳定感

石径让庭院中漫步成为一种享受

从沓脱石的石堆空间延伸出的石径是由多种材料组合而成的

绣球花和山野草点缀的石径

1. 放置方形石块

从沓脱石延伸出的石径以平行于建筑物的方式铺设

2. 铺设石块与方形石块形成斜向相交的空间

与最初放置的方形石块形成斜向相交的空间。图为从前往后铺设

将石块按所设计的形状铺设

沿各种方向铺设的石块构成了石径，方形石块成为其主干

一边填充接缝，一边铺设石径

沿着最初设置的水线铺设石材

用木框调整石径的边界，再次设置水线以作为石材边角的基准线

铺设完成了约80%的石径

一边铺设，一边调整石材的表面

在右前方，将由脱谷用的岩船石制成的舂麦石棒作为纪念物放置于庭院中

这一部分的铺路石已铺设完成

3. 可以尽情欣赏绣球花的扇形平台

将绣球花的前方空间设计成扇形，并铺设主要石材

按同心圆方向铺设小石块

将平整的小石块竖起排列，填充到大石块的间隙中

4. 用绿植增添色彩

种植了垂盆草和苔藓，营造了新鲜、舒爽的景色

采用苔藓和矮木更凸显了石材的色彩

从绣球花位置看到的景色。铺路石的律动感为在石径上步行增添了乐趣。实现了各种线条交织的路面设计

八、

各种石材的应用

至此我们看到了石组、石堆、踏步石、铺路石等各种石材的应用。能在同一个地方看到这些景致的非位于东京都世田谷区立二子玉川公园内的归真园莫属。监修者在这里运用了各种各样的石材布置技法。

归真园里的石材应用

> **归真园的趣意**
>
> 造园家高崎康隆
>
> 清晨，驻足于时雨亭，逆光的水面反射着太阳的光亮。
>
> 午间，在原清水邸书院，欣赏多摩川的幽深水景。
>
> 日落前则可以在河岸欣赏小富士和富士见台。
>
> 梅雨季节，葱绿的苔藓和雨水浸润的庭石又是另一番美景。
>
> 即使强风天气，也能欣赏到水面泛起的波纹变化。
>
> 一人独步，两人谈笑，陪着老人散步以感受随风而来的气味，与孩童一起倾听水声，轻抚苔藓，找一块心仪的石块触摸。希望您能多花一点时间驻足欣赏这座以多摩川、富士山和国分寺断层崖线为主题的日本庭院，放松身心。

由监修者设计建造的归真园位于东京都世田谷区立二子玉川公园内，使用了主要出产于关东地区的五种石材。

表现多摩川源流的瀑布石组中采用了御荷鉾石。选用榛名石呈现多摩川中下游附近的庭池。用作代表国分寺断层崖线的石堆使用了筑波石。表现富士山山脊的斜坡则由根府川石和富士熔岩构成。

这里不仅运用了传统的造园技法，在茶室庭院和凉亭——时雨亭中还能看到现代设计。路过零星设置在园中的石凳时不妨小坐，倾听瀑布流水的声音，感受绿植的清新气味，庭院美景定会让您在不知不觉中忘记时间的流逝。

瀑布与流水

展现了多摩川从上游蜿蜒流向大海的景色，瀑布石组与从岸边看到的风景美不胜收。

上游附近的水上踏步石

以庭院的方式表现了多摩川上游的瀑布

仿佛能听到白色水花溅起及水流的声音

水路忽左忽右，流向下游

在瀑布前设计了露台，可以近距离地倾听流水的声音

小坐于石块上，用感官尽情欣赏瀑布的趣意

流淌在石间的水流

由青石和根府川石构成的水路

水花四溅，闪闪发亮

水沿着根府川石的表面流淌

从时雨亭眺望原清水邸书院的景色

以庭院的方式再现崖线下的涌泉

崖线下的水上踏步石。一部分采用双石组合，便于行走

逆光中闪烁的水面

崖线下的涌泉景色

清风拂过水面时泛起的涟漪，营造出不同的氛围

蜻蜓仿佛正欣赏着美丽的水景

富士山形状的庭石。从图中正面略高的地点沿着庭石方向可以看见富士山

从河岸看到的原清水邸书院用切割石展现了“二子渡船”的渡船码头

用石宫灯表现了渡船码头的长明灯

河滩中的小岛

茶室“万人席”

坐着轮椅也可以在室外的茶席饮茶、休憩。方便所有人使用的通用设计也是归真园的主题之一。

坐着轮椅也可以使用的蹲踞

在茶室外等待时可以用作石凳的石组

从轮椅也可以通过的茶室小门看到的风景。正面看到的是布置了像月亮的“半月床”庭石，给人留下深刻印象

从茶道口看到的景色。由根府川石构成的挡土墙成为高低错落的石组景观

茶室小门右侧的景观。庭石迎面而来

石凳、石组和其他

在石凳附近布置了清香的绿植，可以细细品味。可以触碰到流水的石组以及台阶边的扶手石等，设计者做了各种精心布置，让每一个人都可以感受庭院的乐趣。

位于玉川口的石组“茶柱门”

青石和筑波石石凳

在多处设计了可以用作扶手的庭石，便于上下台阶

在可以坐下休息的庭石旁种植了结香等清香植物

小小的石凳被大型石块包围，
是享受冬日阳光的首选座位

“招财猫”石组隐藏其中

由木材和榛名石组成的石凳

由榛名石构成的石组与筑波石石凳（右前侧）

由根府川石构成的石组，震撼力十足

大型岩石上的钻孔经过加工后成为“箭痕”，并植入了苔藓

在大型“箭痕石”旁边布置了一块庭石，构成“人”字形

在庭石上堆叠同种石材构成的石组

在扶手的起始位置布置了根府川石，给空间带来了变化

蛙形石从反面看又像是千鸟

布置了根府川石、熔岩、青石、榛名石和筑波石五种不同的石材，可以轻抚它们以感受不同的触感

抚摸石块可以感受到不一样的氛围

熔岩石组、矮桃核和大吴风草

可以供人坐的根府川石

通往富士见台的台阶。根府川石成为估算到山顶距离的标志

铺路石石阶

观察脚下的石材也是归真园的乐趣之一。让我们来看看极富个性的贴面石材以及蜿蜒的台阶实例。

由铁平石制成的石材贴面。有些地方用几块石材组成花纹

由大型根府川石构成的石桥

石材的购买方法及必要工具

让我们来看看在石材店购买石材时的要点以及庭石布置中所需要的工具吧。

石材的挑选方法及购买诀窍

在石材店选购石材时请注意几点。

购买打造石组用的石材

选购石材时，首先要考虑色彩和形状。购买之前先要设想好庭院的风格以及石组的大致形状。

首先选择颜色。设计石组时，作为初学者最好挑选同色系的石材。不要忘记石材与庭院其他要素（植物和建筑物等）间的平衡关系。选择符合自己整体构思的石材。

购买前建议先确认石材被淋湿时的色感。由于石材潮湿时往往会显现出不同的颜色，购买前先把握好下雨时石材所显现出来的颜色。

其次是形状。仔细确认石材是否有较大的缺陷或裂痕。即使是正面看上去非常完美的石材，反面有时也会有比较明显的缺陷。但是，如果在设计时可以将有缺陷的一面完全隐藏，或者能够灵活运用有缺陷的一面，购买也无妨。

尺寸的选择也非常重要

在石材店或展示厅所看到的石材大小与实际放置在庭院中的尺寸感会有很大的差别，因此一定要选择适合庭院大小的石材。相对于庭院本身而言，过大的石材并不合适。然而，当石材过小时，即使是小型庭院也会产生一种微观庭院的拘束感，因此一定要特别注意石材与庭院间的平衡。选择石组的材料时，如果全部采用同样大小的石材，会显得非常单调。建议混合使用各种尺寸的石材。

传统的日式庭院设计并不推崇过于显眼或者形状怪异的石材，而更多使用虽然普通却能带来一些景观变化的山石。而现代设计则不必拘泥于此，建议大胆地尝试使用自己喜欢的石材。

选购踏步石

市场上能够购买到的踏步石原材料大多是略带圆角的花岗岩和方形根府川石，直径从30厘米左右至50厘米左右，厚度约为10厘米。

使用天然石材作为踏步石时常选用厚度在5厘米以上、直径在30厘米以上的石材。虽然在实际布置时可以用埋入深度来调整石材露出地面的高度，但为了操作便利，建议选购厚度大致相同的石材。考虑范围可以不限于经过初加工的踏步石材料，类似石臼这样有一定厚度的石材也可以用作踏步石。

踏步石作为庭院小径的组成元素，需要便于行走，因此选购时需要注意以下两点。首先，必须有便于行走的平面。其次，平面中央不能有较大的凹陷。有凹陷时，不仅难走，而且雨天还会积水。

采购时，不一定要选择同样大小的石材。选用大小不同的石材反而能避免成品单调无趣。同样，将有平整面的其他种类的石材进行适当地组合也可以用作踏步石。

选购景石、庭石的要点	
颜色	同色系的石材较易组合
	需考虑石材与庭院植物间的平衡
	要确认石材被淋湿时的色感
形状和大小	确认是否有较大的裂痕（确认后再购买）
	购买适合庭院大小的石材
	混合使用大小不同的石材不易产生单调感

大量购买石材时的要点

大量购买石材时选择一些既可以作为景石又可以用作铺路石的石材，以备不时之需。也就是说，采购时也可以不完全按照石材的用途进行选择。

结合上述介绍的要点，选购时还建议听取店家的意见。如果可能的话，最好能请店家确认石材是否适合布置场所，或者在选购时将事先拍好的布置场所的照片给店家看，请店家提供一些参考意见。

石材的运输

购买了石材之后，要将它们运送到布置地点。石材的种类不同，重量也不相同，但一般而言其重量约是水的2.5～2.7倍。1平方米的重量约为2.5吨，因此30厘米见方的石材大约有70千克重。直径约40厘米的石材即使看上去不太重，但也已经是一般成年男士可以搬动的极限重量了。

在搬运直径40厘米左右的石材时最好使用独轮车等工具。使用二轮手推车可以搬动直径70～80厘米的石材。搬运更大型的石材时就需要用到链动滑轮、挖土机等设备。

工具的种类及使用方法

本部分介绍庭石布置时所需要的工具。在布置中小型庭石时有些工具可能并不需要用到。

长柄竹箕

平土时使用的工具，适合去除泥土中的小石子

钉耙

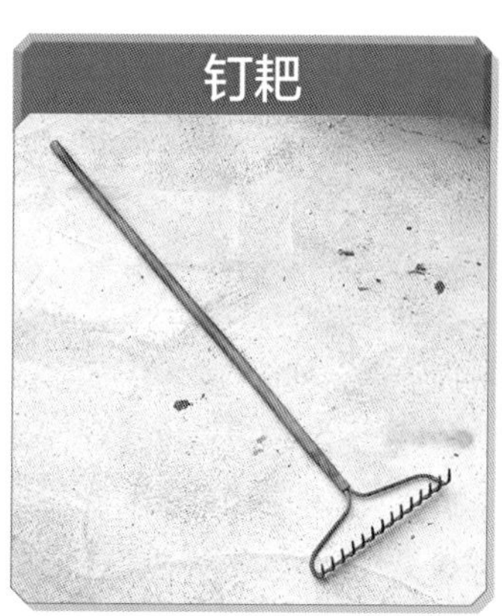

平土时使用的工具，也用于清扫落叶以及剪枝后清扫树枝

各种撬棒

用于短距离移动石材或者撬起石材

各种铁锹

尖头铁锹用于挖洞，平头铁锹用于铲取浅层泥土或砂石等

夯锤

用于夯实较大面积的泥土

木棒

用于夯实泥土

竹帚

用于清扫垃圾及除草后的清理

草耙

用于收拾落叶或者清扫垃圾

钢索

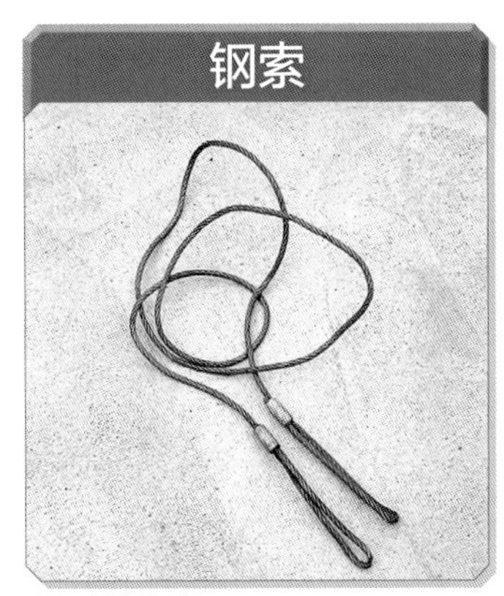

用于吊起石材

锤子和凿子

用于凿开石材或者布置石材

布绳

吊起容易受损的石材时常使用

刮板

用于平土或者铺平沙子

麻布

将不太大的石材放在麻布上就可以通过拖拽麻布来搬运。也可以垫在石材与钢索之间，防止石材受损

水线和水平仪

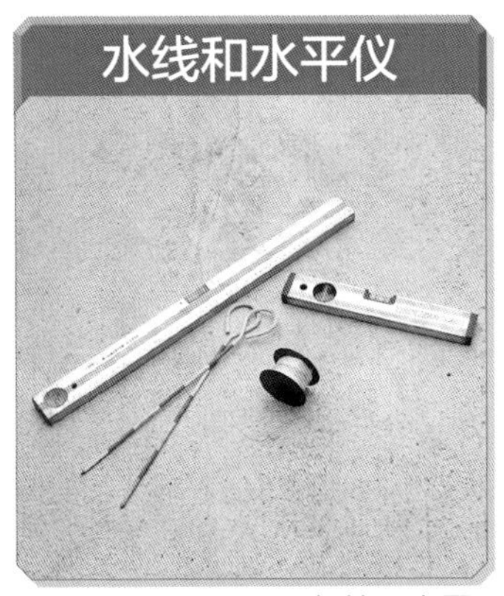

水平仪用于测量是否与地面水平。水线常用作布置贴面、石堆的参照线

各种方形木棍

垫在临时放置的石材下面，以保证放置钢索所需要的空间。也常用于辅助撬棒撬起石材

解读石组

看似随意放置的庭石，有时却包含着自然风景、长生不老、禅意等各种各样的不同意义。让我们来试着解读石组的含义吧。

三尊石组

由三块石材布置而成的石组，因与“阿弥陀三尊”“药师三尊”等佛像的放置方法相似，故三石组也被称为三尊石组。三尊石组未必象征着佛像，只是同样由三部分组成而已。

三块石材比较容易达成平衡。将最有特色或象征意义的石材放在中间，在左右两侧放置辅石，就构成了一组稳定而完整的石组。实际设计中也会用到五石和七石这样的单数石块，它们也比较容易把握平衡。但三石组仍然是最常见的。在展现山岳风景时会连续使用由单数石材组成的石组。

蓬莱石组

在中国有长生不老的仙人居住在蓬莱岛的传说。象征着蓬莱岛的石组称为蓬莱石组。蓬莱石组是何时被引入日式庭院的已无法考证，其真正出现在日式庭院中已是在镰仓时代之后。

传说中的蓬莱岛是人们所向往但无法轻易到达的地方，因此蓬莱石组中象征蓬莱岛的主石一般采用有尖角的石块，给人以无法接近的感觉。

鹤与龟

正如“千年仙鹤万年龟”这句话所说的，有时会选用形似鹤与龟的石材组成石组来象征长寿。金帝院（位于京都府京都市）里的“龟鹤之庭”就布置了大型鹤之岛，用小山坡代表仙鹤圆润的躯体，翅膀的部分采用了三尊石组的形式，形象地表现了仙鹤伸颈欲飞的样子。

同样位于金帝院的龟之岛用石材表现了乌龟的头、脚、龟甲和尾巴。龟身整体较低，展现了悠游自在的形象。石材上部种植了生长多年的刺柏，表现出希望长生不老的愿望。

鹤之石组

龟之石组

值得造访的著名庭院

本部分将介绍监修者在探访日本各地的庭院时，所遇见的值得一看的庭院。每一座庭院都有独特的用石方法。

●一乘谷朝仓氏遗迹/福井县

为日本战国时期的武将所建造，立石成群，以其绝对的存在感与驻足的游客产生对峙的感觉。

●兴圣寺/滋贺县

紧凑的空间里布置了鲜明而华丽的石组，给人留下深刻印象。

●西芳寺/京都府

众所周知的洪隐山石组所表现的主题至今仍未探明。利用古坟石室建造的说法引人入胜。

●桂离宫/京都府

仅仅是踩着踏步石前行就是一种乐趣，用石的大胆、自由、精巧令人叹为观止。

●东福寺方丈庭院/京都府

由重森三玲设计建造的庭院，代表着昭和时代的枯山水石组，交叉的水平轴与垂直轴直指宇宙。

●诸户氏庭院/三重县

由林业家诸户清六经营的茶室，著名茶匠松尾宗吾在庭院中选用了揖斐川的巨石造庭，可见其品味。

●万福寺/山口县

充满紧张感而别具风格的石组作品。监修者同意由雪舟造庭的说法。

●月桂之庭/山口县

可以被称为现代雕塑的石组作品，蕴含着与众不同的故事。

●净土庭院（毛越寺）/岩手县

将周围环绕的群山也融入视野之中，在宽广的庭院水池中斜立的一尊景石让净土空间在宽阔中不乏紧致。

●乐山园/群马县

采用了大量的青石、墨黑石以及当地砂岩建造了石岸、瀑布、引水路、石山等，构成了宽敞的借景庭院。

●栖云寺/山梨县

被泥石流带来的巨石群经过精心设计后展现了壮观的宗教世界观，其空间超越了庭院的定义。

●原芝离宫恩赐庭院/东京都

豪放的根府川山、由色彩各异的石材构成的空间处处散发着与众不同的创造性。

●玉堂美术馆/东京都

由监修者的老师中岛健先生设计建造的庭院，代表了昭和时代的枯山水石组，布置在最后方的主石造就了“无限之感”。

●清澄庭院/东京都

由明治时代的岩崎一家所收集的名石构成的潮入池石岸，给人一种震撼的感觉。下雨时色彩更鲜明，值得细赏。

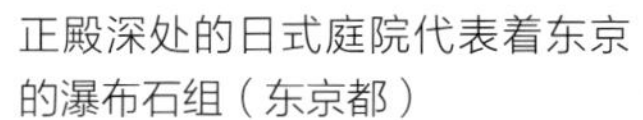

正殿深处的日式庭院代表着东京的瀑布石组（东京都）

词汇解释

水洗

用水清洗水泥，显现出沙砾的样子。

石墙

用石材堆积而成的墙壁。

石堆

用堆积石块构成作品的一种建筑技巧，包括石墙和挡土墙等。将石材自然堆积的方式称为野石堆，使用经加工的石材沿边界紧密堆积的方式称为切石堆。

石组

用两块或两块以上石材组合构成的石景。

垫石

布置石材并填上泥土，石材底部因凹陷而导致其不稳定时可采用小型石块垫入凹陷处以使石材稳固。此时使用的小石块就称为垫石。

不含水搅拌

搅拌砂浆时不加水，水泥和沙混合的状态。

沓脱石

放置在建筑物前的表面平整的石块，方便脱鞋。

窄面

扁平石材的四个侧面中较窄的两个面。将窄面露在外面的堆砌方式称为窄面堆砌。在铺路石的上方采用窄面堆砌的方法称为立窄面。

铺路石

用石材铺筑的庭院小路。

主石

在布置两块或两块以上的石材时，首先放置作为设计起点的石材。须选择最具存在感、最能让人感受到其个性的石材。首先要决定主石的放置方法，再布置其他石块。

《作庭记》

记录了平安时代的造园方法，是日本最早的庭院书籍。很多学者都撰写了对此书的解读书籍。

真、行、草

“真”指规则严谨，“草”则为零乱的状态，“行”介于上述两者之间。庭院设计中也会用到真、行、草的概念。

独石

单独放置在庭院中的一块景石，用于实现整个庭院的平衡和协调。用一块石材来表现“气势”和整体感。

剩材

加工石材时剩下的石材。

蹲踞

最初是指设置在神像或佛像前用于漱口、洁身的洗手池。后来也被用到品茶中，常常设置在茶室庭院里，变成了一种特殊形式的蹲踞。

基石

木材底部直接接触地面时比较容易被腐蚀，因此在建造木结构的建筑物时会在柱子下面垫上基石。

《筑山庭造传》

写于江户时代的造园书。由北村援琴撰写的为前篇，后来在1829年由篱岛轩秋里改写的为后篇。

天端

指放置好的庭石顶部。

挡土墙

在有高低差的地方，为了防止有高低差的部分坍塌而设置的石堆。

踏步石

为了方便行走，在庭院小径或者池塘里铺设的石块。将平面用作天端，并按照行人的步幅布置。

室外木走廊

在露天的木制走廊。

根部

指埋在地下的部分。

副石

在布置石组时，继主石之后放置的石块。放置副石时须注意与主石的协调性。

岔路石

在由踏步石构成的庭院小径的分岔处布置的较大石块。

石界

指从正面看到的庭石侧面边界线。

落水石

瀑布水流沿着落水石流下。在布置瀑布石组时放置的第一块庭石。

凸接缝

接缝施工的一种方法。用于强调砌时的厚度，砂浆呈“山”字形。

绘制石组示意图

造访用石方法别具一格的庭院时，在速写本上绘制风景草图作为记录。即使刚开始手法拙劣，随着练习次数的增加，绘画水平也会逐渐进步。通过绘画，既可以观察庭院的各种细节，也能够帮助我们了解设计者的用心。在这里我们介绍一些监修者在访问日本各个著名庭院时所绘的景致。

1979年绘于滋贺县

庭院同上一幅，绘于1967年

2013年绘于东京都世田谷区归真园

2009年绘于东京

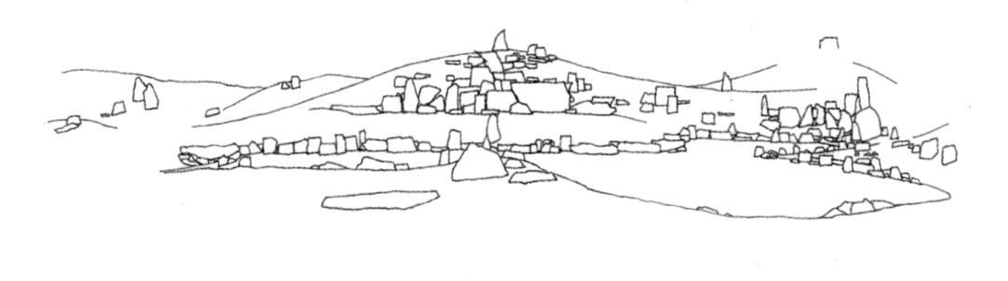

1967年绘于山口县

■协助

世田谷区立二子玉川公园内归真园

东京都世田谷区玉川1-16-1 二子玉川公园内。

开放时间：9时至17时（3月至10月），9时至16时30分（11月至次年2月）。

休息日：每周二，年末、年初。

门票：免费。

咨询电话：（0081）3-3700-2735（二子玉川公园游客中心）。

四国庭石　德增元治

神奈川县镰仓市笛田3-17-3。

咨询电话：（0081）467-31-8014。

林庭院设计事务所　代表董事林好治

东京都八王子市横川町1096-3。

咨询电话：（0081）426-22-8840。

植弥加藤造园　代表董事长加藤友规

京都府京都市左京区鹿谷西寺之前町18。

咨询电话：（0081）75-771-3052。

■参考文献

《石材的造园设计》（诚文堂新光出版社）
《绿之设计图鉴》
《图解杂学日本庭院》
《手工庭院12月》
《我家的庭院布置》
《石之庭　造法与实例》（立风书房）
《图解　造园师讲解〈作庭记〉》（学艺出版社）
《石组相册》（加岛书店）
《庭石与石组》（加岛书店）
《踏步石·蹲踞》（加岛书店）
《庭院入门讲座7　岩石·庭石·石组方法》（加岛书店）